谨以此书献给

为实现"双碳"目标而奋斗的人们

感谢家人和良师益友的关心与帮助

本书资助项目：

①土地城市化碳排放效应与调控对策研究——以新疆典型城市为例（国家自然科学基金地区项目，编号：71563052）

②基于地方政府土地行为视角的城市化碳排放效应研究——以乌鲁木齐市为例（新疆维吾尔自治区自然科学基金青年项目，编号：2015211B008）

③基于低碳发展的城市国土空间治理研究——以乌鲁木齐市为例（新疆维吾尔自治区高校科研计划人文社科青年项目，编号：XJEDU2020SY007）

地方政府土地管理行为对碳排放的影响机制研究

陈前利　著

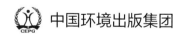

中国环境出版集团

哈尔滨出版社
HARBIN PUBLISHING HOUSE

图书在版编目（CIP）数据

地方政府土地管理行为对碳排放的影响机制研究/
陈前利著. —哈尔滨：哈尔滨出版社；北京：中国环境出
版集团，2022.12
　　ISBN 978-7-5484-7031-1

　　Ⅰ．①地…　Ⅱ．①陈…　Ⅲ．①地方政府—土地管
理—影响—二氧化碳—排气—研究—中国　Ⅳ．①X511

　　中国版本图书馆 CIP 数据核字（2022）第 244165 号

书　　名：地方政府土地管理行为对碳排放的影响机制研究
　　　　　DIFANG ZHENGFU TUDI GUANLI XINGWEI DUI TANPAIFANG
　　　　　DE YINGXIANG JIZHI YANJIU

作　　者：陈前利　著
责任编辑：韩金华
封面设计：彭　杉

出版发行：哈尔滨出版社（Harbin Publishing House）
　　　　　中国环境出版集团
社　　址：哈尔滨市香坊区泰山路 82-9 号　　邮编：150090
　　　　　北京市东城区广渠门内大街 16 号　　邮编：100062
经　　销：全国新华书店
印　　刷：北京鑫益晖印刷有限公司
网　　址：www.hrbcbs.com　www.cesp.com.cn
E-mail：hrbcbs@yeah.net
编辑版权热线：（0451）87900271　87900272
销售热线：（010）67125803，（010）67113405（传真）
开　　本：787mm×960mm　1/16　印张：15.25　字数：250 千字
版　　次：2022 年 12 月第 1 版
印　　次：2022 年 12 月第 1 次印刷
书　　号：ISBN 978-7-5484-7031-1
定　　价：87.00 元

凡购本社图书发现印装错误，请与本社印制部联系调换。

服务热线：（0451）87900279

总　序

　　人类活动带来的碳排放是气候变化的主要原因之一。低碳发展既是经济、社会可持续发展的内在要求，也是高质量发展的重要标志，正逐渐上升为大多数国家和地区发展战略新路径。在传统的财政分权、环境分权和竞争体制下，经济激励的单一性和导向性，区域碳治理的正外部性和弱激励，使得地方政府往往偏向"为增长而竞争""经营城市土地"，追求经济增长和财税，忽视招商引资质量，放松环境和碳排放管制，助推土地过度非农化，最终导致环境污染和碳排放加剧。

　　众所周知，土地是经济发展的基础要素，城镇是控制碳排放的主要阵地，而地方政府是土地管理和碳排放治理的重要主体。那么，在低碳发展战略背景下，地方政府在土地管理中是否应该且能够有所作为？由此引出本书的核心研究问题：地方政府土地管理行为如何影响碳排放？围绕这一核心问题，首先基于文献法和归纳法构建了理论分析框架，就"工业类型结构变化""土地利用强度变化"与"土地利用变化"三个作用路径，依次针对三个主要碳排放源（作为主要碳排放产业——工业的能源碳排放，作为主要碳排放源地之———城镇的能源碳排放，以及作为重要碳排放来源——陆地生态系统的碳排放），采用中国省级面板数据和乌鲁木齐市时序数据分别进行了实证探究。

地方政府土地管理行为如何影响工业碳排放？本书主要从工业用地供应规模、供应方式和供应价格三方面构建了分析框架。基于 2007—2016 年中国省级面板数据，采用系统 GMM 模型（高斯混合模型）、门槛回归模型进行了实证分析。结果表明，地方政府工业用地供应行为对碳排放的影响存在三个效应：规模效应、方式效应、价格效应，由此可知，地方政府工业用地供应行为会影响工业能源碳排放；工业用地供应规模、供应方式、供应价格方面对工业能源碳排放的影响存在差异，且具有一定的滞后性。

地方政府土地管理行为又如何作用于城镇碳排放？本书构建了分析框架，并基于 1998—2014 年中国省级面板数据，采用系统 GMM 模型进行了实证分析。结果表明，地方政府土地管理行为总体上显著降低了城镇人口密度；而且样本时期的城镇人口密度与城镇人均能源碳排放的关系总体处于 U 型曲线的下降部分，因此，地方政府土地管理行为对城镇人均能源碳排放具有较为显著的助推作用。

土地利用变化直接导致土壤和植被等陆地生态系统的变化，而且土地城镇化是土地利用变化的主要方面，那么地方政府土地管理行为如何通过作用土地城镇化而影响碳储量变化？本书以乌鲁木齐市为例，基于 20 世纪 70 年代到 2015 年部分时序数据，采用 GIS 分析法、逐步回归模型进行实证分析，结果表明，自然因素是影响碳储量的重要原因，土地利用变化是碳储量变化的关键原因，其中经济因素是主要驱动。土地城镇化过程是陆地生态系统碳储量减少的主要驱动因素。而地方政府的建设用地审批、土地出让方式选择、土地收入依赖等可能是促使土地利用变化，尤其是土地城镇化的重要原因。同时，地方政府的土地行为与城镇碳排放总量变化相关。

综上，本书提出的研究假说得以验证，并回答了研究的核心问题，即地方政府土地管理行为对碳排放具有显著的直接或间接的影响。这为土地利用调控成为促进低碳发展的重要手段提供了重要依据。为此，本书提出了三个主要政策建议：

（1）加强工业用地供应管理，充分发挥产业用地供应的积极作用。从供给侧的角度，适度控制工业用地供应总规模、优化供应结构。充分发挥协议出让这种有效调控工具。一般协议引入的工业企业总体上碳排放偏高，不过也可通过较低协议价格的方式，引导土地市场向低碳方向发展。同时，建立和完善工业用地的"全生命周期"管理制度。

（2）优化地方政府土地管理行为，促进城镇人地的合理配置。逐步弱化土地收入依赖，适度控制用地审批权限，完善建设用地预审和土地督察制度，逐步调整地方政府的"生产性偏好"，促使地方政府"集约用地和保护环境偏好"的有效生成。合理调控土地出让市场，适度控制协议比重，减少地方政府对土地市场的不合理干预。建立节能减排和低碳发展等约束性考核指标，有效引导土地出让市场朝着城镇低碳化方向发展。加快完善人地挂钩机制，合理确定城镇新增建设用地规模，促进人口城镇化与土地城镇化的协调发展。

（3）构建基于低碳发展视角的土地利用调控策略体系。从核心目标、关键路径、基本关系、重要工具和主要环节等五个方面，把握调控策略要点，并从目标决策、压力传导、激励分配、资源调控和监督约束等方面构建调控机制体系，以更好落实调控策略。

　　本书的成书、出版得到了众多良师益友的帮助、支持和鼓励，在此对诸位一并致谢：我的博士导师石晓平教授；黄贤金教授、马贤磊教授、蓝菁教授、吴群教授、钟甫宁教授；唐鹏副教授，还有魏子博、邹旭、唐亮、阿布都热合曼·阿布迪克然木、窦红涛等，他们在选题论证、分析框架、模型构建与计量方法、GIS 技术分析、数据收集等方面给予了我大力帮助。特别感谢中国环境出版集团李心亮、范溢娉等编辑的鼓励、支持，和在书稿修改完善过程中耐心细致的指导和艰辛付出。也感激家人的默默支持。

　　限于水平，书中错漏及不足之处在所难免，恳请广大读者批评指正。

陈前利

于乌鲁木齐

目　录

第1章

绪 论

1.1 研究背景与研究意义

1.1.1 我国在碳排放治理中面临的严峻挑战

近 50 多年来,尤其是进入 21 世纪以来,全球气候变化的现实灾难和未来可能的后果引起了世界各国政府、学者、社会组织和民众越来越多的关注。人类活动带来的碳排放被认为是气候变化的主要原因之一。早在 2003 年,首次由英国提出的"低碳经济"[①]概念迅速引起国际社会的关注,随后许多国家便把低碳经济作为转型发展和持续发展的战略路径。与常规环境污染相比,二氧化碳排放具有更加显著的外部性,这决定了政府在碳排放治理过程中应该肩负起更为重要的职责。中国政府既有 2030 年二氧化碳排放量达峰和 2060 年碳中和的承诺,也有践行低

---

① 近代以来,尤其是从 20 世纪 60 年代开始,资源环境问题越来越凸显,资源学、环境学、经济学等学科的研究不断融合发展。2003 年,英国能源白皮书《我们能源的未来:创建低碳经济》首次提出低碳经济(Low Carbon Economy)的概念。这为欧洲乃至世界拉开了经济低碳转型发展的"序幕"。

碳转型发展的一系列制度和措施①，取得了一定的成效，也获得了在应对全球气候变化谈判中的更多话语权，但在应对气候变化方面依然面临着诸多较为严峻的挑战。

以土地和工业快速扩张为特征的城镇化加剧了碳排放。 传统经济增长方式消耗了大量的自然资源，尤其是土地资源。作为中国传统经济增长方式的"发动机"，土地对中国成为世界第二大经济体、世界第一大出口国，起了非常独特、举足轻重的作用（刘守英等，2012）。高速城镇化促进用地扩张和土地非农化。2011年，中国城镇化率首次超过50%（51.27%），但扣除进城的农民工和非城镇人口，仅为35%（张曙光，2013），进入建设用地快速扩张阶段（30%～70%）（张兆福，2012）。根据《中国城市建设统计年鉴2016》可知，中国建成区面积从1999年的2.15万 km² 增加到2016年的5.43万 km²，增长了1.52倍，年均增长8.97%。根据《中国国土资源统计年鉴》（2000—2017年）可知，中国建设占用耕地面积不

---

① 在中国成为世界最大的二氧化碳排放国之后，中国政府于2009年明确提出二氧化碳强度总体目标："到2020年，单位国内生产总值二氧化碳排放比2005年下降40%～45%，作为约束性指标纳入国民经济和社会发展中长期规划，并制订相应的国内统计、监测、考核办法"（国务院，2009）；随后，下发了《国务院关于印发"十二五"控制温室气体排放工作方案的通知》，明确了各省区市的单位国内生产总值二氧化碳排放下降指标和单位国内生产总值能源消耗下降指标（国务院，2011）。2012年，党的十八大报告首次单篇论述"生态文明"，提出"推进绿色发展、循环发展、低碳发展，生态文明发展""建设美丽中国"的伟大构想；习近平总书记指出："走向生态文明新时代，建设美丽中国，是实现中华民族伟大复兴的中国梦的重要内容。"另外，中央还明确提出新型城镇化改革的方向，即集约、智能、绿色、低碳。政府出台了相关文件，相关部门与地方积极开展了实践探索。例如，《关于开展低碳省区和低碳城市试点工作的通知》（国家发展改革委，2010），《关于开展第二批低碳省区和低碳城市试点工作的通知》（国家发展改革委，2012），《关于开展节能减排财政政策综合示范工作的通知》（财政部、国家发展改革委，2011）；开展了三批低碳城市试点，为减排提供财政支持，各省区市和部分城市先后编制了碳排放清单、低碳城市规划等；积极开展气候变化的国际合作，如2005年4月，中国与在国家气候谈判领域寻求扮演领导者角色（蒋尉，2011）的欧盟建立了气候变化伙伴关系，于2010年4月又形成了中欧气候变化部长级对话与合作机制等（胡昌梅等，2011）。《国家新型城镇化规划（2014—2020年）》（中共中央、国务院，2014）明确要求以"生态文明，绿色低碳"为基本原则之一，以"市场主导，政府引导""土地管理制度改革"等为发展目标，"完善推动城镇化绿色循环低碳发展的体制机制，实行最严格的生态环境保护制度，形成节约资源和保护环境的空间格局、产业结构、生产方式和生活方式""继续推进创新城市、智慧城市、低碳城镇试点""深化中欧城镇化伙伴关系等现有合作平台，拓展与其他国家和国际组织的交流，开展多形式、多领域的务实合作"。2020年3月，中共中央办公厅、国务院办公厅印发了《关于构建现代环境治理体系的指导意见》，要求"以强化政府主导作用为关键，以深化企业主体作用为根本，以更好动员社会组织和公众共同参与为支撑，实现政府治理和社会调节、企业自治良性互动，完善体制机制，强化源头治理，形成工作合力，为推动生态环境根本好转、建设生态文明和美丽中国提供有力制度保障"。

断增加，1999—2016年累计达4.46万 km² [①]，年均0.25万 km²，年均增长1.39%，呈现加快增长的趋势；2010—2016年年均建设占用耕地面积为3.00万 km²，显著大于1999—2010年的年均值（2.24万 km²），其中，2014年达到顶峰，达0.33万 km²。

城镇化带来的土地利用变化及其化石燃料燃烧是引起全球气候变化和温室效应的主要原因之一（赵荣钦等，2009；Dulal et al.，2013）；城镇扩张是最重要的土地利用/覆盖变化方式之一。一方面，城镇化带来大量的间接碳排放，有来自工业的碳排放和产品消耗碳排放，也有来自建筑材料使用产生的碳排放；另一方面，城镇化导致的地类转变，尤其是土地非农化导致陆地生态系统碳排放，如城镇建设占用森林或草地，使其对应的植被等生物量以二氧化碳的形式被排放出来（陈广生等，2007）；干旱半干旱区生态系统对气候变暖、土地利用变化尤为敏感（Lal R，2009；陈曦等，2013），约占全球"碳失汇"的1/3（颜安，2015）。城市成为人类能源活动和碳排放的集中地（赵荣钦等，2012），是全球温室气体排放的主要来源，其能源消费占全球能源消费的75%，其温室气体排放占全球的80%（Dulal et al.，2013）。可见，土地城镇化成为碳排放的主要驱动因素，城镇成为碳排放的主要源地。工业化作为城镇化的"孪生兄妹"，消耗了大量的能源，其碳排放占到地区碳排放的八成以上（陈诗一，2009）。数据显示，1991—2014 年，中国工业增加值增加了 11 倍多，其发展速度明显高于其他行业，由此导致二氧化碳增加了46.31亿吨，占中国终端能源利用二氧化碳排放增加量的78.29%（魏一鸣等，2017）。

财政分权和环境分权体制下，地方政府成为助推碳排放的重要主体。 分权化改革被认为是创造中国奇迹的一个关键性制度安排（Lin et al.，2000）。但源于独特政府行为的经济增长方式成为环境问题的根源之一（蔡昉等，2008）。由于"投票机制"的缺失，财政分权在促进地方政府大力发展经济的同时，没有使得地方政府提供良好的公共产品和服务，反而促使地方政府行为发生"异化"，加剧了城镇蔓延、园区涌现、重复建设，助推了能源消耗、环境污染及碳排放。随着大中小城市扩展城区建设，城镇建筑面积大幅增加，新建房屋和基础设施建设消耗了

[①] 其中，2009 年的建设占用耕地面积根据《中国国土资源统计年鉴》（2009 年、2011 年）中 2008 年（2 873 522.90 亩）和 2010 年（4 936 212.75 亩）的数值，采用插值法估算得到，即 3 904 867.83 亩（1 亩≈666.7m²）。

大量的建筑材料，成为城镇化过程中能耗高、碳排放量高的主因之一；部分建筑使用寿命短，过快更新改造，建筑未达使用年限即遭拆除，导致资源的巨大浪费，成为城镇化高碳排放的重要原因之一（魏一鸣等，2017）。

与财政分权相比，环境管理等事权对碳排放的影响可能更为"直接"。环境分权反映了在环境管理事务中地方政府实际所拥有的自主权与决策权（张华等，2017）。中国环境管理制度和环境保护法律法规赋予了地方具有辖区环境管理事务的自由裁量权，这一方面有利于地方政府根据地方环境状况进行治理，但是另一方面，由于环保考核激励的不足和经济增长的激励强烈（周黎安，2007；周黎安，2017；张华等，2017），导致地区间环境保护"底线竞争"、环境规制被弱化、环保支出不足，进而加剧了环境污染和碳排放。

传统制度下的地方政府土地管理行为助推了土地非农化。在"地根经济"①时期，尤其自 2003 年以来，土地成为中国政府宏观经济调控的抓手和着力点，处于显要地位（靳相木，2007；杨雪锋等，2010）。土地非农化作为土地要素参与到经济中的重要方面，是经济社会发展的必然结果。市场需求是土地非农化的重要驱动力量，而中国土地制度赋予了地方政府在土地非农化过程中的控制权、管理权，乃至决策权，地方政府在土地非农化过程中具有重要而关键的作用。分税制改革后，部分地方政府的财政出现一定程度上的压力，而土地出让收入可作为地方财政收入的重要部分，而且土地出让收入和以土地获得的融资成为城市建设资金的重要来源（刘守英等，2005），因此，地方政府具有非常强烈的动机出让土地获得收入。在传统的政治锦标赛体制下，地方政府往往相互模仿，偏向经济增长，城市建设和工业等建设项目的引入是其实现经济增长、获取更大财政收入和政绩的重要渠道，因此，地方政府热衷于城镇土地开发和经营。传统的土地征收、出让和土地收入分配等制度使得地方政府既有制度条件，也有激励来加快城镇扩张，从而助推了土地非农化，使得土地过度非农化问题难以抑制，在局部地区和一定阶段甚至异常突出。

土地利用调控是地方政府促进低碳发展的重要手段。土地利用变化是导致碳

---

① "地根"意指土地资源在经济发展中的基础性和重要性地位，即土地供给。土地管理由一般性资源管理变为宏观经济管控工具（杨雪锋等，2010）。靳相木（2007）较早提出"地根经济论"，构建了基于数量、价格和配额转让的土地宏观调控机制和基于总量、结构、地区的土地宏观调控政策体系。通俗地讲，"地根经济"即土地成为政府宏观调控重要抓手的经济。

排放增加和碳储量下降的重要驱动，其中土地非农化的影响尤为明显（赖力，2010；杨庆媛，2010；卢娜，2011；蒋冬梅等，2015）。早在 2007 年，《国土资源部 2007—2008 年度节能减排工作方案》就要求："加强土地利用与土地覆被变化对全球气候变化影响研究，分析不同区域土地资源演变的机理与全球气候变化的关系。"近十年来，低碳目标导向的土地利用调控成为全球气候变化背景下中国推动区域碳减排、发展低碳经济、实现可持续发展的重要策略手段（王军征，2010；赵荣钦，2011；瞿理铜，2012；赵荣钦等，2014；韩骥等，2016；赵荣钦等，2016），其措施包括：建立土地利用调控政策体系（赵荣钦等，2014），合理制定土地利用规划，优化土地利用结构，严格控制建设用地扩张，优化产业用地配置（赵荣钦，2011）、土地利用布局（余德贵，2011）、土地供应（总量、结构、方式和供需价格）（瞿理铜，2012；屈宇宏，2015）等。

特别要指出的是，由于废水、废气、雾霾等常规污染物更为直观，更易为当地居民所感知，而碳排放不易被观察到，其危害性是全球性的，且短期内不明显，因此，包括一部分官员在内的大多数人对碳排放缺少了解，对碳排放的关注也不够，甚至不以为然，对碳排放的危害普遍认知不足。众多实证研究表明，碳排放与环境污染存在显著正相关关系（毛显强等，2012；蔡博峰，2012；刘晓曼等，2017）。以工业二氧化硫为代表的常规污染物与能源碳排放高度相关，其相关系数高达 0.843 9。现实中，传统发展模式下的经济增长与环境保护往往是矛盾的，对于地方政府而言，存在一个权衡的问题，即：是要"金山银山"，还是要"绿水青山"？自己的行为是否增加或减少环境污染？不同环境污染行为方案的机会成本如何衡量？如何应对环境污染？当碳排放与环境污染之间存在强正相关关系时，不管地方政府、企业和公众是否能够认知到这一点，其行为决策中实际上已经自觉不自觉地考虑了"碳排放"这一要素。碳排放除了与能源消费、产业结构相关，还与土地利用方式直接相关，而耕地利用与建设用地利用的碳排放存在显著差异。可见，地方政府土地管理行为决策必然影响着碳排放。

1.1.2　地方政府土地管理行为如何影响碳排放

由于碳排放具有显著的经济外部性，因此，行政干预成为碳排放治理的主要路径之一（杨永杰，2013）。现阶段，地方各级政府控制了大量资源，具有强大的资源配置权力和能力，在资金、土地、税收、财政等方面可以发挥政府功能，推动低碳发展（齐晔，2013）。资本、劳动力及创新等供给侧要素与碳排放相互作用（韩楠，2018），土地是其中的基础要素和重要载体，势必成为政府控制碳排放、促进可持续发展的重要新抓手。

那么，中国在未来经济低碳转型发展中，将如何用好土地这一政府抓手和着力点？作为土地的直接管理者和实际的"所有者代理者"，地方政府土地管理行为，又将如何影响碳排放？由此提出本书探究的核心问题：地方政府土地管理行为如何影响碳排放？

围绕这一核心问题，本书针对三类主要"碳排放"进行探究。其一，城镇是能源碳排放的主要来源地之一，地方政府土地管理行为如何影响城镇能源碳排放？其二，工业是能源碳排放的主要来源行业，地方政府土地供应行为如何影响工业能源碳排放？其三，土地利用变化直接导致土壤和植被等陆地生态系统的变化，地方政府土地管理行为如何影响碳储量变化？另外，还要考虑如何构建土地利用调控体系以更好地促进地方政府优化土地管理行为。

1.1.3　为碳排放治理研究提供分权视角

为了应对节能减排的压力，顺应生态文明建设和绿色低碳转型发展的大趋势，满足供给侧改革和国家治理的新要求，基于地方政府视角的碳排放治理逐渐成为政府和学界共同关注的话题。从地方政府土地管理行为的主要方面，研究上述三类主要碳排放的影响具有较强的理论价值和现实意义。

（1）理论价值。其一，分析地方政府土地管理行为对碳排放的影响机制，有助于促进土地利用碳排放研究体系的完善，为碳排放治理提供新的研究视角。其二，过去，"分权"被解释为促进地方政府在经济增长中发挥作用的重要因素，而本书从剖析地方政府决策入手，采用"中国式分权"的理论视角，将中国式财政分权、环境分权和"土地分权"纳入一个分权框架下，用以解释地方政府土地管理行为的激励成因，这为地方政府碳排放治理研究提供了一个较为全面的分权视角。

（2）现实意义。其一，为基于低碳发展视角的土地供给侧改革提供一定的决策依据，主要包括城镇人地挂钩，以及工业用地供应规模、供应方式、供应价格等方面。其二，为基于低碳发展视角的土地利用调控体系提供政策建议。

1.2　文献综述

为了更加清楚地了解地方政府土地管理行为对碳排放的影响，本节主要从土地利用变化和不同的地方政府土地管理行为对碳排放影响等方面进行了文献的梳理。土地利用变化，尤其是土地非农化、土地城镇化对陆地生态系统和能源碳排放都具有重要影响，因此侧重从土地规划、土地供应、土地审批等方面梳理了关于地方政府土地管理行为对碳排放的现实或潜在影响的研究。

1.2.1　土地利用变化与碳排放研究

土地利用变化具有显著的碳排放效应，主要包括陆地生态系统碳排放、人为源碳排放两方面。土地利用与覆被变化是引起陆地系统碳循环过程改变的重要因素，在全球陆地与大气碳交换中起着重要作用。因此，土地利用与覆被变化对碳排放的影响是国内外研究的重点之一，国外较早开展了相关研究。Houghton 等通过建立 Book Keeping Model，估算了工业革命以来全球土地利用与覆被变化引起的排放（Houghton et al.，1983）；基于 1850—1985 年陆地景观重建后拉丁美洲地区陆地覆被变化所产生的二氧化碳排放量（Houghton et al.，1991），还估算了 1850—1995 年南亚与东南亚地区因森林及土地利用变化引起的二氧化碳排放量，以及 1700—1990 年美国土地利用变化引起的陆地生态系统碳储量变化（Houghton et al.，1999）。

人为源碳排放被作为土地利用变化的间接碳排放，逐渐纳入土地利用综合碳排放研究中。国内外相关研究较多，例如：Schipper 等（1995）对 13 个国际能源署（IEA）成员国的 9 个制造业部门的碳排放强度进行了分析；Casler 等（1998）采用模型方法，对美国碳排放进行了结构分析研究。赵荣钦等（2010）采用 2003—2007 年江苏省能源消费和土地利用等数据，通过构建能源消费的碳排放模型，对江苏省 5 年的能源消费碳排放进行了核算，并通过土地利用类型和碳排放项目的对应，对不同土地利用方式的碳排放及碳足迹进行了定量分析。赖力（2010）分析了中国土地利用的碳排放效应，全面分析了中国近 20 年来土地利用变化的碳收支情况，构建了中国土地利用的综合碳排放清单，并据此对新一轮土地利用规划确定的用地结构目标进行生态系统有机碳蓄积和综合碳减排的效果评估。在微观层面，揣小伟等（2011）借助地理信息（GIS）平台进一步探讨了土地利用变化对土壤碳储量的影响，根据土壤样点数据、土壤类型图、土地利用类型图，分析了江苏省1985年和2005年表层土壤有机碳密度的变化以及土地利用变化对表层土壤有机碳密度的影响。Huang等（2013）引入空间洛伦茨曲线和基尼系数概念，对广东省不同土地利用类型在空间上配置的能源相关碳排放强度特征进行了研究，研究表明，从长期看，空间配置集中度与相关能源的碳排放强度呈负相关，相比之下，其他变量呈现正相关，如农业用地、居住和商业用地、交通用地、其他用地。由于碳源效应（碳排放效应）与碳汇效应是一对相对的概念，相关研究主要集中在林地、草地等土地类型变化的碳汇效应。如杨庆媛（2010）认为土地利用变化的碳汇效应主要表现在退耕还林还草后以林地和草地为主的碳吸收。李秀彬（2008）则认为农地利用粗放化和弃耕可促使环境和生态恢复，有利于发挥土地利用的碳汇效应。

土地非农化①作为土地利用变化的重要方面，其与碳排放的相关研究逐步受到国内研究者的关注。国内外实践证明，土地非农化为工业化和城市化提供了重要支撑，但也带来大量的环境问题（曲福田等，2010）。杨庆媛（2010）认为，与碳排放效应相关的土地利用类型转变主要是土地利用非农化和土地开发，其中，土地利用非农化主要是指建设用地扩张，土地开发主要是围绕补充耕地进行的。曲福田等（2011）定性分析了土地利用变化对碳排放的影响，重点阐释了农地向非农用地转换对碳排放的影响，以及农地内部土地利用变化对碳排放的影响。卢娜（2011）从能源消费角度分析了宏观层面土地非农化对碳排放的影响，认为土地非农化导致土地利用碳强度总体呈增加趋势，其中交通用地碳强度最高。许恒周等（2013）研究表明，农地非农化水平与非农人口变量显著正相关，因为随着大量劳动力涌入城市寻求就业机会，并有很大一部分转化为城市中的非农人口，刺激了对新增住房用地的需求，导致大城市纷纷向外扩张，把农地转化为非农的建设用地；农地非农化水平变量与地方财政预算内支出也显著正相关，因为分税制改革后，各省地方政府都拥有强烈的激励扩大预算外收入，加大对地区经济的攫取，

---

① 土地非农化，主要是指农地非农化。

土地财政逐渐成为地方政府的"第二财政";地方政府为增长而竞争的努力也进一步驱动地方政府依赖土地取得财政收入。从全国整体而言,农地非农化水平的提高将会增加碳排放量,但也存在区域差异,从样本考察期来看,中、西部农地非农化现象显著地增加了碳排放,但东部地区近年来农地非农化增加碳排放的趋势却逐渐减缓。

土地城市化作为非农化的重要内容,也是城市化的重要方面,对碳排放的影响为越来越多的学者所关注。赵荣钦等(2010)认为,城市扩张中土地利用变化的碳排放效应表现在两方面:一是土地利用方式变化带来的工业碳排放、产品消耗碳排放及使用建筑材料带来的间接碳排放;二是土地利用变化的非工业化碳排放,即地类转化的碳排放效应。Ghaffar等(2012)以巴基斯坦大城市为例,运用综合科学研究法评估该区域城市的能源利用、碳排放和土地利用变化及其相互关系,即农业、商业、工业、住宅业和交通运输业五个经济部门的土地利用变化、石化产品、天然气、煤炭(直接能源来源)、电力(间接能源来源)与碳排放的变化及其关系。Svirejeva-Hopkins等(2008)针对1980—2050年间世界的8个地区,基于人口密度空间分布的双参数Γ分布模型,对城市扩展及其对碳排放的贡献做了定量核算,结果发现,2005年全球城市化造成的碳排放为1.25 GtC,之后有所下降。而且,城市碳排放具有明显的区域差异,中国和亚太地区是城市碳源,而其他区域正在由碳源变为碳汇,或处于中立状态。

刘纪远等(2005)的研究表明,中国近20年来的城市用地大部分是由农田转化而来的,由于农田和城市的碳排放量相当,中国城市化自身造成的土地利用及覆盖变化对生态系统碳循环的影响并不显著。而美国等一些西方国家,由于森林覆盖率很高,大量城市用地是由森林转化而来的,这些地区的城市化可能造成大量的碳排放。由此可见,城市扩展对碳排放的影响,既要考虑其带来的直接和间接的碳排放,还要考虑土地利用方式转换前后碳储量的变化。由于各个国家、地区自然及社会条件的差异,城市扩展对碳排放的影响有较大的差异。

1.2.2　土地管理行为与碳排放研究

随着经济社会发展,土地利用加剧,人地矛盾日益突出,城市化新问题涌现,许多国家开始关注土地利用模式,探索低碳、环保的土地利用方式(胡勇,2011)。

基于政府行为视角的碳排放治理研究较多，主要包括低碳城市规划、低碳城市交通、低碳城市社区等，相关政策主要集中在产业、财政、金融等领域。近些年，针对土地管理行为的环境效应的研究增多。

土地规划对总的碳排放的影响。土地利用规划是政府的重要职能，是可选的促进低碳发展的重要抓手。据文献可知，美国设置了控制、引导、配套三类规划管理工具，从宏观、中观、微观不同层面，从效率与公平、经济与社会、环境与发展、历史与现代等多角度切入，总体上实现土地开发统筹兼顾、综合平衡、高效利用的目的；欧洲空间规划以上地利用规划为基础，以土地利用为调控主体，整合与土地利用相关的规划，强化区域、产业、基础设施建设的空间控制（胡勇，2011）。

国内众多的研究表明，合理的土地规划有利于促进碳减排，主要的作用路径在于土地结构调整、布局优化、规划监督与执行。早在十多年前，黄贤金教授的团队就承担了原国土资源部公益性行业科研专项经费项目"土地利用规划的碳减排效应与调控研究"，开展了系列理论探索和实证研究（赵荣钦等，2012）。赖力（2010）、张姗姗等（2011）研究认为，通过完善土地利用规划，可以促使土地利用结构和布局优化，控制非农化速度，实现碳减排或碳增汇。马巨革等（2010）进一步研究认为，除了创新土地利用规划技术，还可以通过构建节约集约用地模式发展低碳经济。

特别指出的是，包括土地利用总体规划在内的传统各级各类空间规划存在规划类型过多、内容重叠冲突、效果不高等突出问题，国家层面相应出台了相关文件。2019 年，中共中央、国务院发布《关于建立国土空间规划体系并监督实施的若干意见》，要求实现"多规合一"，指出，国土空间规划应成为加快形成绿色生产方式和生活方式、推进生态文明建设、建设美丽中国的关键举措。目前，国土空间规划相关研究正处在偏宏观性的定性分析阶段，暂未发现与碳排放直接相关的研究文献。王焕雷（2020）通过梳理在制定环境保护规划以及规划环境影响评价过程中的问题，结合国土空间规划编制思路，探讨了在新阶段如何完善环境保护战略。张楠等（2020）在生态保护红线划定工作实践的基础上，分析梳理出 11 类数据用于编制红线划定底图，并对底图数据集编制要点提出指导意见。李鑫等（2020）以生态适应性规划为着眼点，结合中国开放空间规划体系的改革现状，提出适用于中国城乡可持续发展及韧性体系构建的本土化理念框架和相关建议。

土地供应对碳排放的影响。尽管土地规划具有积极的碳排放约束和低碳导向作用，但地方政府不尽合理的土地供应可能会降低引资质量而间接增加碳排放（或污染）。丰雷等（2013）基于分权视角，分析了中国土地供应中的中央—地方分权边界以及激励契约，探索提高有效土地供应的措施，以增进土地宏观调控成效。屠帆（2013）研究认为，政府对土地资源在不同行业配置的影响路径包括土地价格、土地税收和土地供给，往往导致工业用地容积率低。杨其静等（2014）主要基于经济效应角度探究了地方政府工业用地供应行为的影响，实证表明，中国地级地方政府以协议方式出让工业用地容易导致底线竞争，抑制工业用地供应对经济增长的拉动作用，使得引资质量较差。卢建新等（2017）和张鸣（2017）均从环境效应角度验证了工业用地供应对工业污染排放的影响。卢建新等（2017）使用的土地出让数据来自《中国国土资源统计年鉴》，而张鸣（2017）使用的数据来自中国土地市场网。尽管其核心变量数据来源不一样，但两者的实证结果一致，即协议出让工业用地加剧工业污染。

Huang等（2020）基于2007—2017年中国土地市场数据，采用DID模型（双重差分模型），实证探究了碳排放权交易项目与能源密集型产业用地供应的关系。结果表明，碳排放权交易项目降低了25%的能源密集型产业用地；地方政府对其产业用地供应具有显著作用；城市所在区域竞争越激烈，财政压力越大，碳排放权交易项目的作用越弱。

诸逸飞等（2010）研究认为，土地政策参与低碳经济构建要以低碳经济项目的土地供应为主，而土地供应参与主要包括土地的供应量、供应价格、供应方式和供应结构等。瞿理铜（2012）研究认为，可充分发挥地价杠杆作用，支持低碳经济项目：一是低碳项目若在一级市场获取土地使用权，政府可以在价格上给予一定的优惠，减免部分土地出让金，免除获得土地使用权过程中的一切行政事业性收费；二是低碳项目若在二级市场转让获得土地使用权，政府可以在转让税费方面给予优惠，如减免土地使用权转让过程中的契税、印花税等；三是制定政策引导金融机构在土地信贷、土地抵押等方面给予低碳项目支持，设立低碳产业项目贷款风险补偿基金，对于低碳经济项目给予优先发放贷款、提供一定的利息补贴等优惠。

土地财政对碳排放的影响。在传统土地制度和中国式分权体制下，土地供应往往成为地方政府增加财政收入的一个途径。在土地财政的激励或推动下，地方政府行为往往加剧了土地非农化，主导或助推城镇的快速扩张，直接或间接地加剧了环境污染和碳排放。李龙浩（2007）研究认为，对直接或间接财政收入的追求是地方政府土地管理行为失范的主要原因，而其失范行为又是投资过热的重要根源，并引发各类土地问题。王桂新等（2012）基于城市空间视角，采用中国2004—2008 年 227 个地级市面板数据进行研究认为，地方政府通过压低土地征收价格和增加土地财政规模与比重，导致农地过度非农化，商品运输和人口通勤距离增加，城市空间利用效率降低，城市土地经济产出下降，而碳排放强度上升。李斌等（2015）则基于中国式分权视角，采用完全信息动态博弈模型方法，以效用最大化为中央和地方政府博弈的目标，推导了土地财政的环境效应的数理模型，并采用 2000—2011 年中国省际面板数据进行实证，结果表明，在传统的财政分权体制下，省级地方政府土地财政规模增加，意味着土地开发面积扩大，加剧了环境污染，并且总体较低水平的环境规制强化了其环境污染效应。尽管基于以上两种视角的研究尺度和排放指标的选取不同，但土地财政的度量指标一致，均为土地出让收入相对地方财政收入的比重，而且样本时间范围也基本一致，实证得出的结论也一致，即土地财政扩张加剧环境污染（或碳排放）。

行政审批与执法对碳排放的潜在影响。建设项目用地审批对企业的准入发挥着直接影响，同时也是产业环境标准执行中的首个环节。当前，中央政府在"简政放权"过程中，部分行政审批项目取消和下放在赋予企业投资积极性的同时，可能产生环境污染（陈健鹏等，2013）。陈宇琼等（2016）研究认为建设用地审批制度是耕地非农化的重要影响因素。梁若冰（2010）研究认为财政分权和土地出让制度正向激励了省级政府的土地违法行为，导致大量耕地被非法占用。由于地方政府的利益驱动，出现的违法批地现象（梁若冰，2010），往往造成部分重复建设、高碳排放的不合格企业进入。这些研究虽然没有直接讨论对碳排放的影响，但为探究地方政府土地管理行为对碳排放的影响提供了一定的依据。

特别是，赵荣钦等（2014）研究认为，可从价格、规划、税收和供地计划方面着手选择调控手段，并从低碳土地利用技术、规划、模式和政策入手构建了区域系统碳循环的土地调控政策框架。赵荣钦等（2016）进一步从土地科学学科体系的角度，构建了土地利用碳排放研究的整体框架和方法体系。

1.2.3 文献简评

前人的研究为本书提供了研究视角上的启发、方法上的借鉴和数据来源上的参考。在研究视角上，现有研究主要集中在土地利用对碳排放的综合影响上，而且多数学者分别探讨了土地利用规划、土地供应、土地财政等不同的政府土地管理行为对碳排放或污染排放的影响。本书将尝试重点探究地方政府土地管理行为对城镇能源碳排放、工业能源碳排放和陆地生态系统碳排放等不同部分碳排放的影响路径。在研究方法上，众多学者都能够将实证研究与规范研究相结合，定量与定性相结合，通常采用经验系数法估算碳排放，使用省级、地级市等不同尺度面板数据进行回归模型分析，使用 GIS 分析技术进行碳排放（储量）的空间分析等。在碳排放估算中，其关键技术在于碳排放系数的确定，现有文献多采用经验系数法，尤其以 IPCC（联合国政府间气候变化专门委员会）清单法的应用较为普遍。其主要数据来源包括各类统计年鉴、中国土地市场网、遥感影像提取数据等。另外，在研究尺度上，文献研究的区域多以行政区域为单元，且多集中在中观（省级、市级）层面。

1.3 研究方法与技术路线

紧紧围绕"地方政府土地管理行为如何影响碳排放"这一核心命题，探究地方政府土地管理行为对碳排放的影响机制。从城镇用地强度、工业能耗和土地利用变化三个方面，构建地方政府土地管理行为影响碳排放的机制过程；进而，分别实证探究地方政府土地管理行为对城镇能源碳排放的影响、地方政府工业用地供给行为对工业能源碳排放的影响，以及地方政府土地管理行为对陆地生态系统碳排放的影响。另外，初步提出基于低碳发展视角的土地利用调控体系。

1.3.1 研究方法

本书涉及的方法主要为经验系数法、回归模型法和文献分析法。

1.3.1.1 经验系数法

为核算碳排放和碳储量数据,本书借鉴相关学科的研究成果,采用相关的经验系数,因此,称之为"经验系数法"。

(1)能源消费排放估算方法。

本书主要借鉴 Shan 等(2017)的方法,计算"基于地理边界的排放"(The territorial-based emissions),即当地生产商品/服务带来的碳排放(包括用于当地和运到外地的),不包括购进产品/服务引致的间接碳排放。其一,能源平衡表中 17 种主要化石能源品种(不含电力和热力)与对应发热值、排放因子、氧化率的乘积得到直接燃烧的碳排放Ⅰ。其二,根据电力生产所消耗的 17 种主要化石能源品种(不含电力和热力)与对应发热值、排放因子、氧化率的乘积得到直接燃烧的碳排放Ⅱ。其三,根据热力生产所消耗的 17 种主要化石能源品种(不含电力和热力)与对应发热值、排放因子、氧化率的乘积得到直接燃烧的碳排放Ⅲ。

$$CE_{ij} = Q_{ij} \times NCV_i \times CC_i \times O_{ij} \tag{1-1}$$

式中,Q_{ij} 为第 i 种化石能源在 j 部门的消费量;NCV_i 为能源平均净发热值;CC_i 为单位净发热值的二氧化碳含量;O_{ij} 为氧化率。

(2)综合碳储量密度估算方法。通过文献的整理,梳理出基于土地利用变化的陆地生态系统碳储量变化的计算方法;整理出不同土壤类型、植被类型对应的碳储量密度参考值。

1.3.1.2 回归模型法

为了揭示地方政府土地管理行为对碳排放的影响机制,基于核心研究假说,借鉴相关实证中的模型方法,构建本书的回归模型,并结合样本数据进行实证检验。首先,基于面板数据,进行基本的面板数据回归;其次,考虑可能存在的内生性问题,进一步使用系统 GMM 模型估计方法;其三,为了考察门槛效应,继而使用面板门槛回归模型方法。

1.3.1.3 文献分析法

本书采用文献分析法,通过对收集到的关于地方政府土地管理行为、碳排放、土地非农化等方面的文献资料进行分析,探明研究概念及其相互作用关系,进而引出自己的观点,构建本书整体的分析框架,并初步提出土地利用调控对策。

1.3.2 技术路线

依据研究目标，本书具体从研究思路、研究内容、研究方法和资料来源四个方面，按"问题提出—理论分析—实证分析—调控对策—结论与建议"五个层次构建本研究的技术路线（见图1-1）。

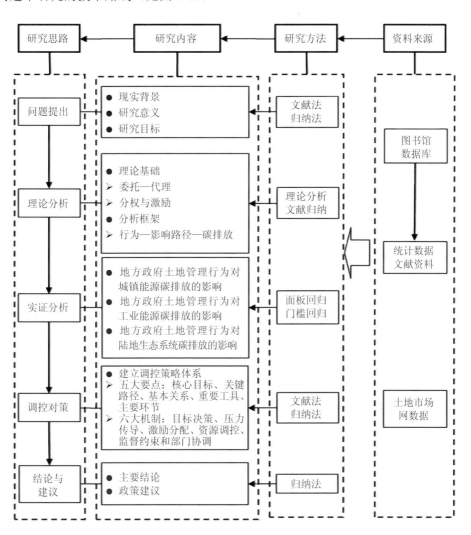

图 1-1 研究技术路线

（1）问题提出。基于文献法和归纳法，阐述研究背景和意义，进而提出研究问题，形成研究目标。

（2）理论分析。围绕研究目标，探求核心理论支撑，阐述研究的前提假设，构建全书的理论分析框架，提出核心研究假说。

（3）实证分析。分别实证地方政府土地管理行为对城镇碳排放、工业能源碳排放以及碳储量的影响，以验证前文提到的核心研究假说。

（4）调控对策。基于理论分析和实证分析，初步构建基于低碳发展视角的土地利用调控对策。

（5）结论与建议。总结全书，凝练结论，提出主要的政策建议。

1.4 可能的创新与不足

与前人研究相比，本书的创新主要在于两方面：

（1）探析地方政府土地管理行为对碳排放的影响机制。首先，针对重要的三类碳排放源（地域角度的城镇能源碳排放、产业角度的工业能源碳排放、自然角度的陆地生态系统碳排放），主要从城镇用地强度（人口密度）、工业用地供应、土地利用变化三个不同层面的影响路径，构建了"行为—影响路径—碳排放"的理论分析框架。其次，在以上基础上进一步构建了具体的分析框架，并采用省级或城市尺度样本数据，运用空间分析法、回归模型法（包括动态面板模型、面板门槛模型）等方法进行实证研究。

（2）本书基于实证研究结果和前人关于碳排放治理的相关研究成果，重点从五个调控要点和六个调控机制方面，初步构建基于低碳发展视角的土地利用调控策略体系。

受限于资料获取的困难性，缺乏省级以下不同层级的地方政府之间，地方政府与企业、居民行为之间的相互影响方面的数据；土地审批、供应等行为与耕地保护、土地整治、城乡建设用地指标增减挂钩等行为的相互作用关系以及对区域总的碳排放（或温室气体排放）的影响有待于进一步考虑。

第 2 章
概念界定与分析架构

本章首先进行文献综述,进而基于概念界定和理论依据,构建本书的分析框架。首先,梳理国内外研究进展,引出本书的文献基础和创新之处。为了避免对概念理解偏差,对碳排放、土地非农化、地方政府土地管理行为三个基本概念进行了界定;接着,梳理出了委托—代理理论、激励理论和分权理论三个基本理论,为全书理论分析框架的构建和实证提供了理论支撑;随后,构建了全书的分析框架。

2.1 概念界定

2.1.1 碳排放

碳排放是本书的被解释变量,需要准确界定。一般来说,碳排放是关于温室气体排放的一个总称或简称,主要包括二氧化碳、甲烷和氧化亚氮等,一般用二氧化碳或碳当量为计量单位。中国国家气候变化对策协调小组办公室和国家发展改革委能源研究所(2007)参照《IPCC 国家温室气体清单指南》(1996 年修订版),编制了 1994 年中国国家温室气体清单。最为权威且使用最普遍的核算方法依据是之后的《2006 年 IPCC 国家温室气体清单指南》,它从能源活动、工业生产、农业、林业和土地、废弃物处置五个方面,系统介绍了碳排放计算方法(程豪,2014)。但随着 2006 年以来新的生产工艺和技术带来新的排放特征,以及配合拟议的全球统一协定，IPCC 考虑出版一份综合的、能全面反映最新进展并且适用于所有缔约方的"统一"清单方法学指南（朱松丽等，2018）。《IPCC 2006 年国家温室气体清单指南 2019 修订版》，于 2019 年 5 月 12 日在日本京都 IPCC 第四十九次全会上通过。蔡博峰等（2019）解读了该指南产生的背景、过程，重点分析了指南 5 卷具体修订的内容，初步评估了对中国温室气体清单编制和排放核算的潜在影响，提出针对中国温室气体清单编制的政策建议。

学者们多基于以上《指南》方法，根据不同研究目的和划分依据，对碳排放进行不同的界定和分类，主要包括：从碳排放来源角度可分为土地利用变化碳排放和产业活动碳排放；从形式角度分为直接碳排放和间接碳排放（赖力，2010；卢娜，2011；高珊等，2013）；从消费和生产角度可分为生产型碳排放和消费型碳排放（耿丽敏等，2012；Mi et al.，2016；Shan et al.，2017）；从转移的角度可分为"显性"碳排放和"隐含"碳排放（李艳梅等，2010）。基于文献和研究目的，本书的碳排放界定为土地利用的综合碳排放，包括土地载体上的自然源碳排放和人为源碳排放。考虑数据可获得性，碳排放具体内容界定如下。

首先是自然源碳排放。葛全胜等（2008）较早系统建立了土地利用与土地覆盖变化和陆地生态系统碳循环之间的关系，并对近 300 年中国土地利用与土地覆盖变化造成的陆地生态系统碳储量的变化进行了估计。近些年，有研究者基于土壤图、植被图和遥感影像现状图，采用"3S"技术方法计算了土地类型转换带来的碳排放（揣小伟，2013；张梅等，2013）。由于植被、表层（0～100 cm）土壤有机碳受到人类干预的影响更为显著，且陆地生态系统碳通量数据难以获取，因此，本书主要考虑土地利用变化过程中土壤和植被有机碳储量的变化。当碳储量减少，即产生"碳源"，理解为碳排放；当碳储量增加，即产生"碳汇"，理解为碳减排。

相比之下，人为源碳排放是主要排放源。碳排放测算方面，IPCC、国家发展改革委、国家应对气候变化战略研究和国际合作中心等相关机构及其学者进行了实践探索和方法研究。其中，蔡博峰等（2009；2011；2017；2018）、Mi 等（2016）和赵荣钦（2012）等研究者进行了较为系统的研究。Mi 等（2016）采用投入—产出模型方法，核算了中国 13 个城市的基于消费的二氧化碳排放（consumption-based CO_2 emissions），并分析了与基于生产的二氧化碳排放（production-based CO_2

emissions）的差异。而 Shan 等（2017）采用"基于地理边界的排放"（the territorial-based emissions）计算方法，计算并分析了 1997—2015 年中国 30 个省区市、41 个产业部门的能源碳排放。近年来，蔡博峰等（2017；2018）基于 CHRED、官方数据、调研数据等数据，先后建立了 2005 年、2012 年、2015 年中国所有地级市尺度的二氧化碳排放数据集，包括工业能源排放、工业过程排放、农业排放、服务业排放、城镇生活排放、农村生活排放、交通排放和间接排放。

　　由于能源消费是绝大部分碳排放的来源，而且数据来源一致，因而，本书主要考虑 17 种化石燃料燃烧产生的碳排放。关于工业生产过程带来的碳排放，目前的研究主要是用水泥熟料产量与熟料排放系数来估算。由于其系数不确定性和选取差异性导致估算的工业生产过程碳排放数值相差显著（于胜民等，2015；Liu et al.，2015），本书暂不考虑工业生产过程碳排放。若未特别说明，本书中的"能源碳排放"均指"能源消费碳排放"。

2.1.2　土地非农化

　　除了碳排放，土地非农化是本书需要界定的另一个重要概念。在近 30 年，土地非农化及其相关研究不断深入。其核心内容从"农用地转为非农用地"扩展到"各类非建设用地转为非农用地"；其研究角度从法律、经济、制度方面扩展到社会、生态等方面；具体内容从土地非农化的过程、原因、机制、管理，到公共福利（诸培新，2005）、公共政策（金晶，2008）、治理（谭荣等，2009）等，涉及地方政府、工业企业、农民集体（陈会广，2004；姜海，2006；钱忠好等，2017）等主体。关于土地非农化，多数学者主要界定为"土地的利用从农业转向非农产业"（王学文等，1989；唐洪潜等，1993；杨国良等，1996；曲福田等，2001）。张宏斌（2001）进一步将土地非农化定义为"农用地转变用途，成为居住、交通、工业、商服业等城乡建设用地的过程"；其途径主要包括三种：一是国家直接以划拨或出让方式将国有农地转化为非农建设用地；二是国家首先征用农村集体所有的农地，然后再以划拨或出让的形式把农地转化为非农建设用地；三是在不改变集体土地所有权的情况下将农地转化为非农建设用地（曲福田等，2001）。也有学者从相对小范围来研究，如"农地城市流转"（张安录，1999）、"土地城镇化"（毕宝德，2008）或"土地城市化"（朱林兴，1996；谢守红，1999）。还有学者从更大范围来研究，如土地利用转型，即区域土地利用形态在时序上的变化（龙花楼等，2002）。

土地城镇化①是土地非农化的重要内容，对碳排放具有重要影响。根据联合国经济社会事务部（UNDESA）的有关数据可知，2008 年城市区域的人口占世界总人口的一半，到 2050 年将达到 67%。城市及其城市化过程成为气候变化的"主战场"。武俊奎（2012）结合中国的实际情况，研究认为，政府通过土地财政与户籍制度影响城市空间与人口，从而对空间利用效率和碳排放产生影响；城市规模扩张与空间结构形态分散化都会导致城市碳排放上升。

基于文献，本书将土地非农化界定为：农用地、未利用地转变用途，成为居住、交通、工业、商服业等建设用地的过程。这包括各类转变的途径，主要为集体所有土地被征收为国家所有土地，进而通过土地出让等方式供应给土地使用者。在属地化土地管理制度和传统政治锦标赛背景下，地方政府有激励也有能力去推动土地非农化；地方政府行为对土地非农化具有显著的影响，其中地方政府土地管理行为具有直接的影响。下面进一步界定地方政府土地管理行为。

2.1.3 地方政府土地管理行为

地方政府是由众多职能部门组成的机构。地方政府行为是行使权力和履行职能的过程，涉及市场监管、社会管理和环境保护等多个方面。尽管地方政府的各个职能部门可能存在一定的部门利益，但在最终的行动上，往往被（要求）统一到地方政府的总体目标上来。实际上，地方政府为了保证各职能部门目标和行动的一致性，制定了各类目标责任考核办法，设定了明确的责任单位，针对各部门考核设置具体指标。地方政府某个职能部门的行为总体上是地方政府的"意思"表达。同时，地方政府行为，实质上是地方政府主政官员决策后由下属官员执行的行为。由于传统的财政分权体制和对地方政府绩效考核的制度安排，地方政府

---

① 关于土地城镇化，不同学者界定不一，且度量指标各异，但总体上主要是指农用地向城镇建设用地转变的过程。有研究认为，其指标体系应包括土地利用结构变化、土地利用效益水平变化、土地利用程度变化、土地利用景观变化和土地资本投入变化等方面（吕萍等，2008）。也有研究认为，土地城镇化由城镇土地规模、土地投入和土地产出水平构成（吕添贵等，2016）；或采用城市建设用地占行政区域土地面积的比率测度（吴一凡等，2018）。还有研究认为，土地城镇化应为土地从非城镇状态向城镇状态转变的过程，并提出以城镇建设用地与城乡建设用地的比值作为土地城镇化率的衡量指标（李昕等，2012）。

表现出明显的"理性经济人"特征，其行为与公共利益目标之间存在一定程度的差异，它承载着一定的组织利益和组织成员的个人利益，他们会按照"成本—收益"原则追求效用最大化。地方政府主政官员在实现个人效用或利益最大化的过程中实现公共利益，可能把公共利益置于次要位置（李龙浩，2007）。在传统考核体制下，追求 GDP、财政收入以及政绩的最大化往往是地方政府主政官员的理性选择。以上阐释了地方政府行为的一般特征。

现有文献分别从不同方面或角度探究了地方政府土地管理行为，鲜有就地方政府土地管理行为进行明确的界定。基于现有文献和研究目标，本书将"地方政府土地管理行为"界定为：基于地方政府所拥有的土地管理权力和职责的各类行为，主要涉及地方政府与中央政府、地方政府与市场等方面的土地关系，具体包括规划、征地、批地、供地、融资等诸多方面[①]。本书重点从以下三个方面进行考察：

（1）建设用地审批。地方政府与中央政府的关系，是地方政府土地管理行为涉及的非常重要的基础关系。在土地社会主义公有制和现有土地管理体制下，地方政府往往是受中央政府的委托（或授权）对地方政府管辖范围内的土地行使管理权。土地行政审批权作为地方政府与中央政府管理权力关系中的重要方面，影响土地管理和土地资源配置效率，长期被政府和学界所关注。这体现在历次国务院推行的简政放权改革举措中（魏琼，2013；魏莉华，2017；赵国，2017）；最新体现在 2020 年 3 月国务院印发的《关于授权和委托用地审批权的决定》上。现行土地行政审批制度，主要内容包括土地利用总体规划、土地利用年度计划、建设项目预审、农用地转为建设用地、土地征收等方面的审批（赵国，2017）。其中，建设用地审批以征收为前置条件，是落实土地规划和计划的必要环节，直接影响土地非农化、城市建设用地和工业扩张的规模，对区域经济社会活动影响显著。本书重点选取省级建设用地审批占建设用地审批面积的比重，来考察地方政府与中央政府土地关系对能源消费碳排放的影响。

[①] 地方政府土地管理行为涉及众多方面，除以上提到的，还包括耕地保护、土地整治、城乡建设用地增减挂钩、土地确权发证等方方面面。这些方面也对碳排放具有不同的影响。例如，城乡建设用地增减挂钩主要是政府在主导，而且城乡之间建设用地的碳排放水平存在差异，因此，其指标空间上的转移对碳排放也会产生影响。由于各省区市相关数据获取困难，此部分的影响暂不做单独分析。不过，后文中提到的城镇建设用地扩张，某种程度上已经包含了此部分的影响。

（2）土地供应。政府和市场的边界如何确定，一直是中国政府在经济转型过程中备受关注的重点（谭荣等，2009）。地方政府的不合理干预会显著降低土地配置效率，导致土地过度非农化，部分地方城市建设过度占用面积占总的非农化面积甚至超过 1/3（谭荣，2010）。中国土地要素市场化治理结构可概括为"分权的土地经济管理和集权的土地行政约束"，其中受中央和地方关系决定的政府和市场关系尤为重要（谭荣，2020）。2020 年 3 月、5 月，中共中央、国务院分别颁发了《关于构建更加完善的要素市场化配置体制机制的意见》和《关于新时代加快完善社会主义市场经济体制的意见》，强调要充分发挥市场配置资源的决定性作用和更好发挥政府作用。土地供应是对土地利用规划和计划，以及建设用地审批的具体落实[1]，是支撑土地非农化、土地城镇化、工业化的重要环节。在地方政府对土地一级市场垄断和对二级市场管控的情况下，土地市场供应反映了政府与市场的关系[2]。土地供应，尤其是建设用地供应直接影响到实际产业用地结构、空间布局和利用强度等方面。尽管招拍挂（招标、拍卖、挂牌）面积比重常被作为衡量土地市场化程度的变量，土地供应方式受市场"无形之手"作用，但往往还受地方政府"有形之手"的重要影响。土地供应方式背后体现了地方政府"土地引资策略""土地财政策略"目的。故本书还将重点考察土地供应方式选择的影响。

（3）土地收入依赖。地方政府往往具有"理性经济人"的特性，因此地方政府土地管理行为往往会具有较强的经济利益目标。尤其是在分税制改革和土地收入权力有所下放的背景下，土地收入成为城镇化、工业化进程中城市扩展、土地开发的重要资金来源，于是土地财政行为成为地方政府土地管理行为中的重要方面，也是其重要的经济动力，往往助推了城镇基础设施、房地产开发规模等的快速扩张，导致土地城镇化快于人口城镇化。土地收入相对财政收入越大，地方政府土地财政行为往往越被进一步强化。因此，本书还考察土地收入依赖对碳排放的影响。

---

① 现实中，由于各种原因，土地供应并非完全按照既定的土地利用规划和计划，甚至出现违法批地、批而未用等情况。但本书认为这种情况不是主要方面。随着督察制度的贯彻执行和考核目标要求提高，这种情况在不断减少。

② 中国特色的土地市场分为一级市场和二级市场。地方政府控制着一级市场，并对二级市场具有显著影响。

2.2　理论基础

　　土地利用变化是一种经济、社会和生态（景观）变化的过程。本书重点从经济、社会角度，即从地方政府的角度探究其土地行为背后的动力机制。为了更加清晰呈现理论对核心变量的影响过程，构建了全书理论基础框架，具体见图 2-1。

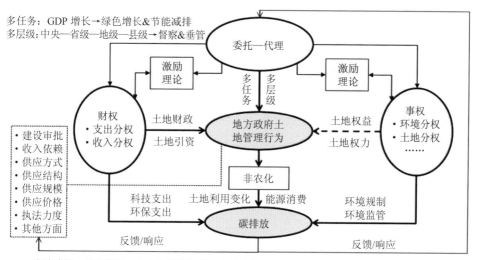

图 2-1　全书理论基础框架

　　地方政府作为公共部门，其"责权利"均由中央政府"发包"，并受其控制（影响），因此，本书认为，委托—代理理论是分析地方政府土地管理行为及其影响的最基础的理论。分权和激励制度安排都是为了更好地保证实现中央政府"发包任务"的"策略手段"。激励是"核心"，分权是"措施"。其中，分权可进一步划分为事权分权（环境管理、土地管理、金融管理等）、财权分权（收入分权、支出分权），或行政性分权、经济性分权等。

2.2.1　委托—代理理论

委托—代理理论是制度经济学契约理论最重要的发展之一。它是20世纪60年代末70年代初一些经济学家在深入研究企业内部信息不对称和激励问题中发展起来的。委托—代理关系是指一个或多个行为主体根据一种明示或隐含的契约，指定、雇佣另一些行为主体为其服务，同时授予后者一定的决策权利，并根据后者提供的服务数量和质量向其支付相应的报酬；授权者就是委托人，被授权者就是代理人。不管是经济领域还是社会领域都普遍存在委托—代理关系，在委托—代理的关系当中，委托人追求的是自己财富的更大化，而代理人追求自己的工资津贴收入、奢侈消费和闲暇时间最大化，委托人与代理人的效用函数不一样，这必然导致两者的利益冲突。在没有有效的制度安排下，代理人的行为很可能最终损害委托人的利益。

地方政府行为和碳排放治理过程中，中央政府与地方政府也无不存在委托—代理关系。在当前的政治体制中，中央政府的决策需要地方政府执行落实，地方政府更多地承担着代理人的角色，但由于双方同时追求自身利益的最大化，双方的行为将产生利益冲突，地方政府行为和环境管理行为难免产生异化。委托—代理理论在解释政府行为异化和治理方面具有重要作用。在中国，此理论得到广泛应用和发展。郑周胜（2012）基于"多任务委托代理模型"探究了中央与地方的关系。彭小静等（2014）基于"多任务、两层次的动态委托代理模型"进一步探究了中央、省级和县级政府的关系及地方政府行为扭曲的原因。王贵东（2012）采用"委托代理拓展模型"分析了政府与企业的关系及企业低碳发展激励机制。齐晔（2013）进一步系统探究了"基于高位压力下的低碳治理的基本逻辑"，研究认为，在中国碳排放治理体系中，中央作为委托方，省级和市级政府为中间政府，作为管理方，县级及以下基层政府作为代理方承担这自上而下传递累加的压力，享有的自由调配权也最小，导致其不得不把碳排放治理压力向企业和社区转移。

2.2.2　分权理论

关于"分权"的研究最早出现在政治领域，后来逐渐扩展到其他领域，有了"政治分权""行政分权""财政分权""市场分权"等概念，并涉及中央、地方、社会、市场等多重关系。分权既是决策权力从等级结构的顶端向基层转移的过程（陈向新等，1993），也是从等级制管理到参与协作管理转变的过程（杨光霞，2009）。分权有经济分权与行政分权之别[①]（张为杰，2012），也可分为管理分权、财政分权和市场分权，其中，财政分权是基础（丁菊红等，2009）。世界银行（2000）将分权划分为政治分权、行政分权、财政分权和市场分权。其中，政治分权指不同级别的政府组织（包括中央、地方）有权作出与他们有相关影响的决定；行政分权，指不同级别的政府管理部门通过宪法授权并受委托的资源和重要事项；财政分权，即与先前的税收权力集中相比，税收收入分散到其他层次的政府，如地方政府有权力提高或保持财政资源来履行自己的责任；市场分权，指政府促进私有化或解除对私有化部门的限制。也有学者从基本理念、制度基础以及表现形式三个维度探讨功能性分权与政治性分权的差异及其根源，探讨中国功能性分权体系的权力结构与权力运行机制（陈国权等，2021）。本书在既定的政治体制下，着重对财政分权和环境分权理论进行梳理。

2.2.2.1 财政分权理论

财政分权理论的研究起源于"财政联邦主义"，随后主要集中在财政分权对经济增长、公共服务、环境保护的影响等方面。这一理论不仅在发达国家得到了普遍的重视，许多发展中国家也将其视为打破中央政府计划束缚，实现地方政府自我持续增长的重要手段。

财政分权核心理论，即奥茨提出的"分权定理"：如果能够提供同样的公共品，那么由下级政府提供则效率会更高；究其原因，与上级政府相比，下级政府更接近自己的公众，更了解其辖区选民的效用与需求。

适当的财政分权可产生四个方面的作用（林毅夫等，2000；朱富强，2012），即促进经济增长、促进社会制度完善、减少官员腐败、利于环境质量改善。西方主流财政分权理论认为，联邦制的财政分权能够提高公共物品供给效率主要是基于"用手投票"和"用脚投票"两种机制的作用（孙晓伟，2012）：

---

① 张为杰（2012）认为，（1）行政性分权主要刻画政府间的权力分配关系，其核心是财权，财权是地方政府最为重要的资源，以财政分权作为政府行政性分权的主要代理指标，财政分权指标为地方人均预算内支出除以地方人均预算内支出与中央人均预算内支出之和。考虑到中央对地方转移支付的影响，财政支出分权度应比收入分权度更能反映地方政府实际的支出压力，从而更真实地描述地方政府行为。（2）经济分权的本质是反映政府与市场的关系。采用樊纲等（2010）的市场化指数指标反映政府经济分权的程度。

一是"用手投票"的机制，即地方政府是通过居民的选举而产生的，此时，地方政府具有信息上的优势和动力来满足当地公众的需求。二是"用脚投票"的机制，即不同的地方政府根据当地居民的偏好提供不同的税收和公共产品的菜单，居民可根据自己的偏好选择相应的组合，从而选择对应的地方政府（可通过人口流动来实现）。在这两种机制的作用下，地方政府之间的竞争将促使其主动采取不同措施不断提高公共物品的供给效率。

中国分税制改革后的财政压力和晋升竞争强化了地方政府的生产性偏好和对土地收益最大化的激励，使得地方政府往往采用以获取土地收入为目标的"土地收入策略"（刘守英等，2005；吴群等，2010；唐鹏，2014）。为了获取更多的土地收入，地方政府首先可能偏向以价格更高的招拍挂方式（刘守英等，2005），供应更多的土地（聂雷等，2015；王梅婷等，2017）；还可能以更低的价格向国有企业供地，以求"互利"（赵文哲等，2015）。随着税收竞争加剧，地方政府同时采用以扩大税基为目标的"土地引资策略"，采用差异化的土地供应方式、供应价格和供应结构（李学文等，2012；唐鹏，2014；王梅婷等，2017），即以较低价格和协议方式引入更多的工业等非农产业项目（陶然等，2007；吴群等，2015；杨其静等，2015），以较高的价格和招拍挂方式供应商服、住宅用地（薛慧光等，2013；聂雷等，2015），或者采取"逐底竞争"，压低土地出让金，以牺牲部分土地价格来增加土地供应面积（王梅婷等，2017），从而助推工业、房地产业快速扩张及税基和 GDP 快速增长。

"中国式财政分权"被广泛解释为中国"经济奇迹"的重要制度原因之一，然而，中国"经济奇迹"也伴随着日益凸显的生态环境问题。多数实证研究表明，财政分权正向影响环境污染/碳排放，其过程主要包括：其一，财政分权越大，地方政府自主权就越大，其经济性偏好被强化，推动工业等非农产业的快速发展（张克中等，2011）；其二，财政分权造成政府支出结构的扭曲，环境保护支出被弱化或挤出（傅勇等，2007；李涛等，2018）；其三，财政分权进一步加剧地方政府间的竞争，如税收竞争（贺俊等，2016）、低质 FDI（外国直接投资）竞争（邓玉萍等，2013），导致环境管制被弱化，环境保护行为被扭曲（刘海英等，2017）；其四，碳基产业形成的碳排放利益集团往往会排斥或阻碍碳减排政策，地方政府往往可能因经济偏好、路径依赖而被"俘获"或主动"合谋"，低碳政策往往被"棚架"（张翼等，2014）。进一步研究发现，财政分权与环境污染/碳排放的关系并非线性，还包括倒 U 型或 U 型关系（盛巧燕等，2017；郑万吉等，2017；徐辉等，2017），而且在人均财政支出（肖容等，2014）、人均 GDP（张平淡，2018）方面具有门槛效应。

2.2.2.2 环境分权理论

环境分权理论研究始于 20 世纪 60 年代。"环境联邦主义理论"兴起于 19 世纪六七十年代的美国，研究的主要问题是在环境管理中不同层级政府间的关系以及各层级政府在设计、执行各种环境规制措施中的角色。目前已经历了两代的发展，环境管理权被要求由中央政府更多下放到地方政府（马海涛等，2009）。第一代环境联邦主义理论家普遍相信，环境管理绩效的提高应依赖于联邦法律的制定和执行能力，如果缺乏强有力的中央政府，地方政府往往会出于经济增长竞争的考虑而降低环境标准。20 世纪 80 年代中期以后，随着对"大政府"有效性的质疑，开始有越来越多的学者提出在环境管理方面中央政府应向地方政府分权——下放管理权，使环境规制的中心从中央政府向地方政府转移，主张环境保护分权的第二代环境联邦主义理论逐渐占据主导地位。该理论认为，由中央政府对各地区环境质量进行规制的一个重要缺点是其对不同地区居民对环境质量偏好的差异不敏感，很容易出现所有区域执行统一环境标准的情况。

"中国式环境联邦主义"内嵌于"中国式分权"体系（张华等，2017）。近些年，学者们从事权角度扩展了"中国式分权"环境效应研究，相继探究了环境分权对环境污染/碳排放的影响。多数实证研究表明，传统环境分权导致环境规制弱化，加剧环境污染/碳排放，其原因或影响因素主要包括：地方政府环保支出/激励不足、地方环保部门的独立性缺失（祁毓等，2014；张华等，2017）、地方政府节能减排考核力度不够（周黎安，2017）、政府行政层级偏多（盛巧燕等，2017）、市场分割（陆远权等，2016）、对科技投入的"抵消效应"（刘亮等，2017）、工业绿色转型受阻（彭星，2016）。

总体上，财政分权强化了地方政府发展经济的强大激励；而环境分权赋予了地方政府保护环境和环境治理的自由裁量权，在环保监督约束机制缺失和财政资源有限的情况下，更加强化了地方政府的财政支出偏好于生产性投资，挤出环保支出；碳减排显著的外部性导致地方政府环保支出内在激励不足。三者结合，促使地方政府有足够的激励和手段以牺牲环境换取经济增长（祁毓等，2014；张华等，2017），阻碍产业升级和绿色转型（彭星，2016），降低环境绩效（盛巧燕等，2017），最终加剧环境污染/碳排放。

2.2.2.3 "土地分权"

由文献梳理发现，地方政府土地管理行为策略及其收入变化关键取决于与中央政府在收益分配上的博弈（李涛，2012）；而地方政府实际拥有的土地权力的大小是先决条件，如土地管理权（洪丹丹，2013）等。这主要包括土地规划权、土地供应方式选择权、土地收益权、土地监察权等（李涛等，2012；丰雷等，2013），并受到监督制度、财税制度和人事制度的重要影响（董礼洁，2008）。

借鉴周黎安（2017）的思路，本书将"土地分权"①界定为：地方政府在执行其职能时所拥有的决定土地资源配置或影响土地政策实施效果的能力。在中央具有人事权、行政控制权的集权背景下（周黎安，2017），中央政府与地方政府间"土地分权"出现了不同的演变路径。其中，土地供应方式选择权、土地收益权趋于下放（丰雷等，2013），使得地方政府具有手段和激励去采取土地财政策略（朱丽娜等，2010），且影响土地市场化进程（李涛等，2012）；而土地规划权和监察权趋于集权（丰雷等，2013），往往是为了应对地方政府土地管理行为带来的问题。总体上，土地产权体系不健全、部门定位不清和监管不足的传统土地管理体制和以 GDP 为考核指标的传统政治晋升机制共同作用，最终导致地方政府具有为拉动GDP 而投资的强大冲动（梁若冰，2009；洪丹丹，2013），加速了地方"廉价"工业化，甚至激励了地方政府的土地违法行为（梁若冰，2009）。同时，面对"多项委托代理任务"，地方政府倾向于选择执行激励强且易考量的供地任务（丰雷等，2013），而很可能会弱化或忽视节能减排、污染治理等任务（周黎安，2017）。

基于文献，总结可知，地方政府行为始于利益目标，依赖于特定的权能。其一，地方政府土地管理行为首要的利益目标，很大程度上是委托—代理制度下，地方政府根据财政分权、环境分权和相应激励制度下的利益目标和上级"行政发包的目标"权衡或博弈的结果。地方政府往往会偏向选择激励强且容易考量的土

---

① 关于"土地分权"，没有查阅到系统界定的文献。周黎安（2017）将行政性分权界定为"地方政府在执行职能时实际拥有的决定资源配置或影响政策实施效果的能力"。本书中的"土地分权"主要是针对行政性分权。

地供应等行为，偏向促进工业化、房地产等行业，城市规模的快速扩展、经济的快速增长，加剧了土地非农化，而在土地非农化过程中几乎不考虑或忽视环境污染防治①。

其二，地方政府采取土地行为最大化实现切身利益目标的一个重要条件是拥有执行其行为的权能。其权能来自多个方面，主要包括传统的土地产权制度、土地管理权、环境管理权和财政权力。一方面，在传统不尽完善的土地产权制度、属地化土地管理制度下，地方政府可以极为容易且低成本地将其他土地征收为国有土地，因此是其辖区内土地管理者、监督者和实际的"所有者的代理者"。这使得地方政府具有"经营土地""经营城市"的重要能力，尤其表现在建设用地审批和对一级土地市场的垄断上，直接决定土地供应规模、结构、方式和价格等。另一方面，分税制改革后，地方政府拥有土地收入的财权，同时因拥有辖区环境管理权而可以"灵活"地调整环境规制以配合"经营土地""经营城市"之需。

另外，还需说明的是，改革开放以来，中国土地要素市场化治理结构可概括为"分权的土地经济管理和集权的土地行政约束"，中央和地方的关系影响政府与市场的关系；中央政府在土地经济和非经济目标上的动态权衡会不断塑造治理结构的内容（谭荣，2020）。

2.2.3　激励理论

简而言之，激励问题就是如何调动人们积极性的问题，如中央政府如何调动地方政府施政的积极性（周黎安，2017）。激励理论在政府行为研究中的运用，主要包括地方政府官员激励与治理研究（周黎安，2017）。政治锦标赛模式是中国地

① 现实中，地方自然资源部门（原国土部门）受地方政府的影响较大，地方政府土地管理行为较大程度上是地方政府真实意愿的"理性"表达。尽管环境保护等管理职责主要由环保部门承担，自然资源部门很少有直接的职责，但作为地方政府而言，土地管理和环境保护同属自己的职责范畴，可以统筹考虑土地管理对环境保护的影响，尤其是对环境污染的预先防治。现实当中，地方政府往往忽视或弱化环境保护，甚至让环保部门为土地管理部门开"绿灯"。对于自然资源部门而言，有些官员认为"自己的事情都忙不过来"，况且发展改革委管项目，环保部门管环保，他们自己不大可能去管环境污染问题。但党的十八大以来，情况发生了重大变化，党中央越来越注重资源开发、利用、管理与环境保护的综合治理。2018 年自然资源部、生态环境部的组建就是其中一个重大变革举措。中央提出实现国土空间治理体系和治理能力现代化的目标，并强化"多规合一"。2019 年中央全面深化改革委员会第六次会议审议通过了《关于建立国土空间规划体系并监督实施的若干意见》，要求"科学布局生产空间、生活空间、生态空间，强化国土空间规划对各专项规划的指导约束作用"。

方官员的激励制度之一，即同一级别的地方官员之间围绕着地区经济增长而相互竞争，以求获得政治晋升的机会（周黎安，2017）。然而，由于地区间的差异较大，部分地方政府因能力较弱可能放弃竞争，使得能力强的地方政府不太努力即可获胜，这样就大大降低了代理人的激励；更为严重的是，若获胜后晋升的诱惑过于巨大，竞争者可能会产生对其他竞争者"拆台"或"挤压"的动机，这与委托人的根本利益严重不符，也易导致地区间恶性竞争或底线竞争、地方保护或市场分割等现象。

地方政府肩负着经济、社会、文化和生态等方方面面的建设、管理职责，尤其要面临中央政府常规性和非常规性的多重"发包任务"，而且不同任务的业绩指标可量化考核程度存在差异①，地方政府很可能将所有的努力都花到业绩较为容易被观察的任务上，却减少或完全放弃在其他任务上的努力，从而往往使得经济建设成为官员政绩考核的唯一标准，社会、文化和生态建设常常被忽视。中国的环境污染、能源消耗问题迟迟未得到有效解决，甚至愈演愈烈，关键在于对地方政府官员的激励没有真正调动起来。在现行财政体制和政绩考核标准下，相较经济增长，节能减排对地方政府的激励程度不足（申亮等，2014）。对作为监管者的政府激励不足也成为中国长期以来节能减排未能取得突破性进展的制度性原因（周黎安，2017）。中国采取独具特色的"行政激励"和"问责制"（"萝卜+大棒"），以"乌纱帽"作抵押，加大对地方政府节能减排目标责任的考核力度，成为中国环境污染治理最有力的行政治理措施。

2.3　分析框架

依据研究目标，本书按照"行为—影响路径—碳排放"这一总体逻辑主线，主要探究地方政府土地管理行为如何影响城镇能源碳排放、工业能源碳排放以及陆地生态系统碳排放。那么，地方政府土地管理行为影响的主要路径又是什么呢？下文首先讨论工业用地。不同的产业用地类型具有不同的碳排放强度，其中工业用地碳排放最高，所以重点探讨地方政府工业用地供应行为的影响。其次，讨论

---

① 现实当中，业绩考核指标过度量化和偏重也可能产生不好的激励效果。政府层级间的"责任状"和"数字化管理"往往使得地方政府发包任务层层加码，导致地方数据造假。

城镇建设用地。地方政府土地管理行为对城镇建设用地扩展具有显著影响，对人口流动也有一定作用，总体上，地方政府对城镇人口密度产生影响，而城镇人口密度对城镇能源碳排放具有显著影响，因而从城镇人口密度角度考虑地方政府土地管理行为的影响。第三，讨论所有土地利用变化。地方政府土地管理行为还直接影响到土地利用变化（尤其是非农化方面），直接影响到土壤、植被等陆地生态碳储量的变化，这是地方政府土地管理行为较为直接地影响陆地生态系统碳排放的路径。前两个方面主要从人为源角度、第三个方面主要从自然源角度来讨论。

需要说明的是，由于数据、经费和精力等原因，本书没有对所有的地方政府土地管理行为进行全面阐述，主要是针对能源碳排放主要来源地（城镇）、能源碳排放主要来源部门（工业），以及重要自然源（陆地生态系统碳排放）进行了考察。城镇能源中涉及多个部门，包括工业、建筑业、交通运输、仓储和邮政业、城镇生活 4 个部门，工业是最主要的能源消费部门，因此选择工业能源碳排放来进行分析。另外，本书在考察土地利用变化的碳排放效应时，重点放在碳储量的变化上。由于对应年份人为源碳排放的空间数据（矢量或网格）严重缺失，或者精度不够，故没有能够把土地承载的经济活动带来的碳排放综合考虑进来。

2.3.1　地方政府土地管理行为对工业能源碳排放的影响

产业类型结构变化是影响区域能源碳排放的重要因素。工业能源碳排放占地区碳排放的比重达 80% 以上（陈诗一，2009）。由此可见，优化产业类型结构，控制和减少工业能源碳排放是实现区域乃至中国"碳达峰目标"的关键路径之一，因此，本书主要考察地方政府工业用地供应行为对工业能源碳排放的影响。工业用地供应作为地方政府土地管理行为中的一个方面，已经受到总体层面的"建设用地审批""土地收入依赖"和"供应方式选择"的影响，其影响总体上已经"内化"了。而且分税制改革后工业税收成为地方税收的重要来源（吴群等，2015），工业经济的增长对于地方经济增长和财政税收具有非常重要的作用。在工业用地供应方面，地方政府多采用"土地引资策略"（唐鹏，2014），往往趋于"底线竞争"（杨其静等，2014），故此部分主要从工业用地供应规模、协议方式和协议价格三个方面[①]，更为深入地考察其对工业能源碳排放的影响，并将其称为三个效应，即"规模效应""方式效应"和"价格效应"。

其一，"规模效应"，即工业用地供应规模对碳排放的影响。工业用地供应规模直接影响到工业生产的规模，其供应规模的扩大实际上是工业化的扩张。在其他条件既定的情况下，其规模越大，二氧化硫等常规污染物越多（卢建新等，2017；张鸣，2017），其对应的能耗和碳排放往往也越高。

其二，"方式效应"，即工业用地协议出让对碳排放的影响。不管是在 2006 年国家限制协议出让工业用地政策出台之前还是之后，协议方式始终是地方政府工业引资的重要"手段"[②]。协议供应方式是受到政府干预强度最大的供应方式，背后往往蕴含着政府"特定的偏向或关照"。在其他条件既定的情况下，协议出让往往意味着工业项目质量较低（杨其静等，2014），从而可能导致偏高耗能的工业类型比重上升。现有实证研究也表明，协议出让面积越大，带来的污染排放越高（卢建新等，2017；张鸣，2017），碳排放也可能越高。需要指出的是，不同地区或发展阶段的地方政府在发展工业过程中的偏好存在差异，例如，发达地区工业可能设置更高的科技和环保准入门槛，从而会弱化协议出让面积对碳排放的正向影响，甚至可能出现负向影响，为此，本书引入经济发展水平作为门槛变量，检验协议出让面积比重可能存在的门槛效应。

其三，"价格效应"，即工业用地协议价格对碳排放的影响。在考虑工业用地

---

① 关于工业用地供应行为，除了供应规模、方式和价格，还包括供应位置/布局、供应结构等。工业用地供应结构可以按照工业行业细分为 40 多个行业。考虑到研究的目标和深度，借鉴 Shan 等（2017）的处理方法，本书按照工业行业能耗水平进一步将工业用地归为四类，即能源生产工业、重工业、轻工业和高科技工业用地，具体论述见后文的实证部分。现有的政策要求工业向园区集中，不同的园区具有不同的产业类型准入要求，而且同一个省区市具有非常多的园区；本书主要考察省级尺度，供应位置的影响有待今后探究。

② 早在 2006 年 5 月，国土资源部颁布了《招标拍卖挂牌出让国有土地使用权规范（试行）》和《协议出让国有土地使用权规范（试行）》，重申了当且仅当同一宗地只有一个意向用地者时方可采取协议方式出让的基本原则；2006 年 8 月，国务院进一步公布了《国务院关于加强土地调控有关问题的通知》，并明确要求，"工业用地必须采用招拍挂方式出让"。这使得工业用地协议出让比例从 2006 的 96%急剧下降为 2007 年的 61.1%，但 2008 年之后仍然"坚挺地"维持在 20%左右（杨其静等，2014）。本书根据 2007—2014 年数据可知，各省区市工业用地协议出让面积比重均值为 17.61%，与杨其静等（2014）计算的 2008—2011 年的平均值基本一致。特别指出的是，在上海、江苏等地开展工业用地出让政策改革的近几年（2014—2018 年），协议方式成为地方政府争取"青睐项目"（包括高耗、高税收，也包括高科技、高附加值的工业项目）的重要"手段"，也是配合弹性出让方式促使工业升级和转型的重要"手段"。

供应面积和协议出让面积比重的情况下，进一步考察工业用地协议价格的影响。诚然，在其他条件既定的情况下，协议出让的工业用地价格绝对值往往远低于正常市场价格，但有时也出现"做高价格"的情形（杨其静等，2014），这使得其价格往往是一个"名义价格"[①]而已，失去了"完全市场条件下"所具有的一般经济含义和作用机制。然而，这并不能"抹杀"价格策略背后所蕴含的地方政府的"心思"及其对企业决策的影响。地方政府采用协议方式的时候，其实已经把"诚意/偏向"表达过一次了，而对于企业而言，在其他条件既定的情况下，可能更关心的是"实在的诚意"，即更加优惠的土地价格[②]，因此，地方政府还需以较低价格来再次表达"诚意"。地方政府真正的目的是工业企业带来的税收、就业及其经济增长，可能容易忽视环境保护或强化底线环境规制，导致工业类型结构向高耗能方向变化。对此，企业和政府实际上都是"心知肚明"的，这往往可能造成底线竞争，导致环境污染和碳排放的加剧。

2.3.2　地方政府土地管理行为对城镇能源碳排放的影响

城镇是能源消费碳排放的主要来源地之一，占地区能源消费碳排放的绝大多数[③]。而传统城镇化往往是高碳型的发展模式（魏一鸣等，2017），地方政府在其中发挥了极为重要的作用。在政治锦标赛体制下，地方政府为了推动经济增长和城镇化，快速推动土地非农化，使得土地城镇化增长速度远快于人口城镇化增长速度，导致城镇用地强度下降，突出表现为城镇人口密度下降，基础设施建设、通勤能耗排放快速增长，用地强度和节能减排、空间利用效率下降，进而导致人均碳排放的增长（王桂新等，2012；王子敏等，2016）。

众多研究表明，城镇人口密度是城镇土地利用强度的重要指标之一，也是影响地区能源碳排放的重要因素。本书重点从土地利用强度（城镇人口密度）方面，

---

① 一般来说，在完全自由的市场环境下，资源价格是资源价值的真实反映。但中国的土地市场是一个非常特殊的市场，其土地价格并未完全真实地反映土地资源的价值，即便是招拍挂方式出让的土地价格，也几乎如此，因此，土地价格很大程度上是一种"名义价格"。
② 尽管有研究认为，有些发达地区或高科技工业对土地价格并不敏感（Chen et al., 2018）。但这并不说明其他地区（如落后地区）和非高科技工业（效益更低的高排放行业）对土地价格不敏感，甚至反而更加敏感。
③ 根据本书估算的数据可知，1998—2014 年各省区市城镇能源消费碳排放占能源消费碳排放总量的94.91%。另外，根据 SHAN 等（2017）在自然出版集团创办的国际期刊《科学数据》上发表的数据可知，其比重达 95.12%。

基于建设用地审批、出让方式、收入依赖三个维度，探究地方政府土地管理行为对城镇能源碳排放的影响。

毋庸置疑，地方政府土地管理行为包括众多方面，本书基于研究目标和现有文献的扩展，重点从以下三个维度来讨论。

其一，权力方面。省级地方政府具有将农用地转为建设用地的审批权力。这是能够影响土地城镇化的重要条件。

其二，动力方面。地方政府有扩大城镇建设用地的内在经济动力，主要是土地相关的税收及其增值收益。当届的地方政府往往更关心的是短期（任期内）①的土地收入及土地出让带来的财税。这些收益与预算财政收入相比越大，对地方政府的财政激励效应就越大，从而促使城镇基础设施建设进一步扩张。

其三，手段方面。地方政府可以通过选择灵活的供应方式来影响土地市场，既可以通过招拍挂更高价地卖地而获取更多的土地收入，也可以采用协议方式以灵活的价格引入具有绝大部分税收贡献的工业项目。对于当届地方政府（3～5 年）而言，更可能偏向以更快的速度扩张城镇建设用地，卖地拿钱，为进一步扩大城镇建设筹集资金。另外，地方政府的手段还包括供应结构方面②，即地方政府具有不同产业用地供应的配置权。

需要说明的是，"关键土地行为"之所以"关键"，重点在于其行为是其他土地行为的重要基础，若没有这些行为，其他土地行为将无法开展或实现。

首先，建设用地审批权是能够影响土地非农化、城镇建设用地扩张的重要条件；通过地方政府审批面积的比重还可以反映其与中央政府的审批权限的实际分配情况，即进一步反映地方政府在多大程度上有权力实现土地非农化，这也影响到新增建设用地的总规模。这种"指标配额"也往往是地方与中央博弈的结果。当然，国家（国务院）审批的建设用地项目也有地方政府积极去争取的，但总体上地方政府是无法"控制或决定"的，因此这部分的影响不作为探讨重点。

---

① 随着中央对生态环境的重视，2015 年，中共中央办公厅、国务院办公厅印发了《党政领导干部生态环境损害责任追究办法（试行）》，并要求"坚持依法依规、客观公正、科学认定、权责一致、终身追究的原则"。
② 土地供应结构直接影响的结果是土地利用结构，而不同的土地利用具有不同碳排放水平，因此直接影响到区域总体碳排放。因此，土地供应结构对碳排放的影响，实质上与"土地利用结构对碳排放的影响"是一样的；后者的研究可参见黄贤金团队 2007 年以来的诸多成果文章。

其次，仅有建设用地审批权力，还不足以促使地方政府积极采取土地行为。由于建设用地指标紧缺和被严格控制，地方政府无一例外地要积极争取更大的"指标配额"。其内在动力是什么？如前文所述，土地收入及其相关收益。当其收益很大程度上能够弥补财政压力时，地方政府的动力将更加强化，进一步有财力加快城镇建设及其扩展。

最后，地方政府有了以上的动力，还需要有"渠道"来实现其利益。土地市场往往是实现其土地收益的主要渠道，而土地供应策略是实现土地收益最大化的重要手段之一，核心表现为以什么方式和价格供应给什么类型单位多少用地？其中，供应方式往往在一定程度上就对应了特定的用地类型、企业类型和土地价格，也较好地反映了地方政府的目标偏好及其控制下的市场化程度，因此，供应方式很大程度上是"综合化市场信息"的"载体"。当然，土地还可以作为地方政府融资平台的抵押物来融资，部分地方融资平台中的土地抵押融资比重甚至超过七成（陶然，2013），对城市扩张具有显著影响①。

另外，地方政府土地管理行为还涉及土地规划、土地征收、土地执法等方面。其中，土地执法涉及其他各类土地行为，突出表现在审批（行政）、供应（市场）和收益分配（核心）的过程中，并对其行为产生影响。土地规划和土地征收需要通过三个关键土地行为才能起到实际作用②。

2.3.3 地方政府土地管理行为对陆地生态系统碳排放的影响

土地利用变化引起的陆地生态系统碳储量变化也是影响大气中二氧化碳浓度的重要方面，主要表现为植被、土壤有机碳③储量变化。一般来说，碳储量下降，某种程度上意味着碳排放（碳源），而碳储量增加意味着碳减排（碳汇）。本书重点从土地利用变化（土地利用类型变化）方面，讨论地方政府土地管理行为对陆地生态系统碳排放的影响。

其一，地方政府土地管理行为对土地利用变化的影响。工业用地或城镇建设

---

① 相关研究具体可参见相关文献（刘守英等，2005；陶然，2013；孙建飞等，2014）。
② 土地利用规划与碳排放的相关研究可参见黄贤金研究团队系列成果（赖力，2010）。
③ 研究认为，有机碳和无机碳可以相互转化，但有机碳对人类活动干预更为敏感，无机碳相对稳定，故本书仅考虑有机碳储量的变化。

用地扩张是土地利用变化的重要方面，地方政府土地管理行为对土地利用变化影响与对工业用地或城镇建设用地扩张的影响本质上是一致的；考虑到本书研究的主要方面是土地非农化，因此，本部分也主要从"建设用地审批""土地收入依赖"和"供应方式选择"三个方面阐述地方政府土地管理行为与城镇建设用地扩张的关系。

其二，土地利用变化对陆地生态系统碳排放的影响。不同的土地利用类型对应不同的植被类型和土壤类型，具有不同的综合碳储量，土地利用类型的变化意味着对应的植被和土壤也相应发生变化，从而带来碳储量的变化。根据这样一个基本的逻辑关系，并借鉴 GIS 技术手段（张梅等，2013），基于土地利用现状图、土壤和植被类型图可以计算出特定地区不同土地利用类型的综合碳储量密度；然后根据不同时期[①]的土地利用转移矩阵与不同转换类型的综合碳储量密度差值即可估算出对应的碳储量变化。由于林地、草地和耕地的综合碳储量密度较大，建设用地对应值较低（张梅等，2013），而土地非农化，尤其是城市建设用地扩张以占用耕地、林地或草地为主[②]，因此，其扩张过程既是碳储量下降的过程，也是碳储量下降的主要因素。

全书理论分析框架见图 2-2。

由于数据来源的限制和差异，不同影响路径实证的尺度也存在差异，三个影响路径交叉作用方面暂时难以实证考察，故针对不同类型碳排放分别论述。

---

① 一般来说，土壤碳储量变化对土地利用变化的响应周期一般在 20 年（赖力，2010），而植被的响应周期非常短。

② 一般来说，最初的城市形成于物产丰富、交通便利地区，因其农副产品丰富先形成集市，并逐渐发展成为城市。因此，城市周边往往是优质的耕地。当然也有因军事要地而形成的城市，不过相对很少。另外，对于不同的地区，城市扩张所占的主要地类存在一定的差异。例如，对于南方耕地和林地较多的地区而言，城市扩张以占用耕地和林地为主；对于西北草地和未利用地较多的干旱半干旱地区而言，城市扩张中占用未利用地和草地的比重更大。因此，不同地区城市扩张导致的碳储量变化可能差异较大。

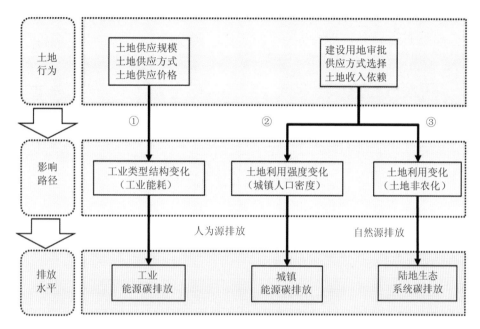

图 2-2　全书理论分析框架

2.4　本章小结

　　本章首先界定基础概念（即碳排放、土地非农化和地方政府土地管理行为），并提出本书的核心理论支撑（即委托—代理理论、分权理论和激励理论），最后，基于以上阐述，从"工业类型结构变化""土地利用强度变化"与"土地利用变化"三个作用路径，依次针对三个主要碳排放源（即主要碳排放源地之一——城镇的能源碳排放，主要碳排放产业——工业的能源碳排放，重要碳排放来源——陆地生态系统的碳排放）构建了地方政府土地管理行为对碳排放影响的分析框架。

第 3 章

地方政府土地管理行为对工业能源碳排放的影响

本章将实证探究地方政府工业用地供应行为对工业能源碳排放的影响，其一，构建更加具体的分析框架，提出三个研究假说；其二，构建计量模型，并以2007—2016 年全国 30 个省市数据展开实证分析；其三，进行实证结果分析；其四，对结果进行稳健性检验。

3.1 分析框架与研究假说

3.1.1 分析框架

2003年以来，土地政策已然成为政府参与宏观调控的重要抓手（丰雷等，2009），可作为推动低碳经济发展的工具选择。学者们基于碳排放视角分别从土地规划、土地供地、土地价格、税收等方面探究了政府土地利用调控体系和政策（瞿理铜，2012；赵荣钦等，2014；赵荣钦等，2016）。近年来，有学者进一步指出"土地科学应该在碳排放研究中大有所为"，并从土地科学学科体系的角度较为系统地构建了整体框架和方法体系（赵荣钦等，2016；Lai et al.，2016；Chuai et al.，2016）。在"中国式分权"背景下，属地化土地管理制度使地方政府在土地驱动地方经济增长、工业化和城镇化过程中发挥了重要作用，然而，其工业用地供应行为却加剧了工业污染排放（卢建新等，2017；张鸣，2017）。那么，地方政府工业用地供应行为是如何影响碳排放的呢？本书基于2007—2016年省级面板数据进行了实证探究，以期为低碳发展目标下的工业用地供应改革提供依据。

　　完整的地方政府工业用地供应行为涉及土地来源、工业用地规模、工业行业偏好、供应方式选择、供应价格确定、环保门槛政策执行与合约签订、供地空间位置等众多方面或环节。工业规模、类型结构、技术水平以及减排行为等方面直接影响到工业碳排放绩效（查建平等，2013；刘晓玲等，2015）。因此，考虑到工业及其能源消费的影响程度和现有文献基础，本书重点从工业用地供应规模、协议出让面积比重与协议出让价格三个方面探究地方政府工业用地供应行为对工业能源碳排放的影响机制。此外，地方政府多重目标及其环境目标权重的差异直接影响到工业用地供应行为；碳排放与常规污染物排放具有"同源性"，自上而下的环保考核、温室气体控制要求和自下而上的公众环境意识的不断增强，使得地方政府因地方碳排放水平变化而调整目标权重，进而调整工业用地供应行为[①]。由此，本书构建了地方政府工业用地供应行为对碳排放影响的分析框架，具体见图3-1[②]。

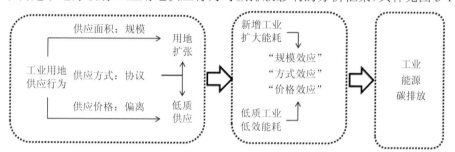

图 3-1　地方政府工业用地供应对工业能源碳排放影响分析框架

　　在传统锦标赛制度下，地方政府往往通过工业用地的快速扩张，支撑着快速工业化，促使工业能耗及其碳排放快速增长，其"规模效应"显著。由于中国特色的分权制度、土地制度和环境管理制度，中国地方政府工业用地供应对碳排放的影响又具有其独特性，主要体现在"方式效应"和"价格效应"上。地方政府

---

① 在内部产业升级和低碳转型需要，以及外部压力的作用下，地方政府往往因碳排放水平变化而调整自己的目标次序或权重，从而相应调整土地供应行为，促使产业转型和升级，满足环境保护需求。由此可见，碳排放与土地供应行为很可能具有内生性问题。为此，引入碳排放滞后一期项可规避此问题的影响。
② 图中提到的"三个效应"，本质上是"影响"的意思。"规模效应""方式效应"和"价格效应"是指工业用地供应规模、供应方式和供应价格对工业能源碳排放的影响，具体阐述见下文研究假说。

供应方式的选择取决于特定目的，伴随着对应的价格。当地方政府着眼于更多的财政收入，往往可能趋向引入更多的工业项目。在政治锦标赛制度和环境分权背景下，地方政府往往可能弱化环境规制，为高耗低效工业项目亮绿灯；在地区竞争激烈的情况下，地方政府往往偏向采用协议方式，以较低价格供地，以期引入更多的工业项目。其中，较低的价格不利于倒逼工业企业技术的改进和效率的提升，反而会阻碍绿色技术的研发和推广。因此，"方式效应"和"价格效应"也将存在。基于此，下面提出本章的研究假说。

需要说明的是：首先，为什么没有明确提到建设用地审批？在考察工业用地供应的影响时，其前提条件是已经经过建设用地的审批（现实中存在未批先占等现象，但这种非合法的情况对应的面积非常小，可以忽略不计，对总体情况的判断不会有太大影响）。而且，中国土地市场网和"国土资源统计年鉴"上均没有列出关于工业用地的建设用审批数据，无法获取数据。其次，为什么没有考察土地收入依赖？工业用地供应中，地方政府采取的策略往往是"土地引资"（即通过工业用地供应争取更多的工业项目，获取工业税收等），因此，土地出让收入占财政收入的比重，并不能非常好地考察地方政府工业用地供应行为真实的内在经济动力。最后，为什么没有考虑招拍挂供应方式，而考虑协议供应方式？由于地方政府在工业用地供应方面采取的通常是引资策略，协议方式更加能够反映地方政府"引资"的方式偏好。

3.1.2 研究假说

尽管作为土地需求方的工业企业，在具体产业落地方面具有决策权，但作为土地供给方的地方政府（实际代理者和管理者）对土地供应具有非常强的控制权，往往也可能是违法主体（或"合谋者"）（叶丽芳等，2015），对产业总体发展具有极强的导向作用和干预能力。因此，本书重点从供给侧的角度，即"土地引导产业走"的角度考察地方政府土地供应行为对工业能源碳排放的影响。

（1）工业用地出让规模增加带来固定资产投资的增加，从而显著促进工业产值、GDP、财政收入的增长（杨其静等，2014；卢建新等，2017；张鸣，2017）；传统土地财政制度下，土地过度非农化推动了土地供应规模和城市规模的快速扩张（Chen et al.，2017），城市空间利用效率的下降，导致碳排放强度的增加（王桂新等，2012），同时，低水平的环境规制会刺激土地供应规模的扩张，加剧其污染效应（李斌等，2015）。为此，提出本章假说 1："规模效应"，即地方政府具有强烈晋升激励去推动财税和经济增长，趋于加快土地非农化扩张，扩大工业用地供应规模，导致工业能源碳排放增多，进而会影响到产均工业能源碳排放和人均工业能源碳排放。

（2）尽管政府可以通过提高土地市场化程度优化土地市场供需结构，采取差异化土地价格和税费标准引导资本向低碳项目转移，进而降低碳排放（许恒周等，2013），但在传统的分权和地区竞争背景下，地方政府更偏向以协议方式出让工业用地，引资质量可能较差，导致协议面积比重越大，非房地产城镇固定资产投资、工业产值或工业增加值、GDP、税收等反而下降，而且协议出让面积越大，工业二氧化硫、工业废水等污染物排放越多（杨其静等，2014；张鸣，2017；卢建新等，2017）。经济发展不同阶段的地区对协议引入项目的要求和偏好存在较大差异，经济发达地区更趋向选择高科技低能耗的企业，而且也有相对较好的经济基础，相关企业也更愿意去落户。为此，提出本章假说 2："方式效应"，即地方政府拥有较强的环境规制的自由裁量权，通过协议方式引入的工业用地项目可能更加低质高耗①，因此，工业用地供应中协议出让比重越大，产均工业能源碳排放和人均工业能源碳排放越高；这种关系在不同经济发展水平地区间存在一定差异。

（3）虽然地方政府为了招商引资可能"做高名义价格"（杨其静等，2014），使得供应价格难以较好地反映引资质量，但实证表明，低价拿地的企业，其土地产出往往更低（Meng et al.，2008），且工业用地出让价格偏差与工业用地扩张显著相关（Chen et al.，2018）。为此，提出本章假说 3："价格效应"，即地方政府拥有强大而灵活的协议定价控制权，利用低廉的协议价格作为"诱饵"招商引资，引致供应面积增加，引入低质高耗工业项目的可能性也更大，因此，工业用地供应中协议出让价格越低，产均碳排放和人均碳排放越高。

---

① 根据数据整理发现，在 2009—2014 年，能耗强度最大的能源生产工业用地供应中，其所有协议出让的平均比重为 18.68%（来源为新增用地的协议出让面积比重为 18.31%），高于其所有供应面积平均比重（11.98%），这说明，通过协议方式引入的工业项目能耗强度更大，导致的碳排放也更多。

3.2 研究方法与数据来源

3.2.1 模型构建与变量选择

3.2.1.1 静态面板回归模型

为定量探析地方政府工业供应行为对碳排放的影响，构建基本模型如下：

$$C_{i,T} = \alpha_0 + \sum_{t=0}^{2} \beta LG_{i,T-t} + \chi Z_{i,T-2} + \gamma DUM_{i,T-2} + \alpha_i + \lambda_T + \varepsilon_{i,T} \qquad (3\text{-}1)$$

其一，被解释变量。$C_{i,T}$ 表示 i 地区 T 年的工业能源碳排放，主要包括总量、产均量、人均量。特别需要指出的是，每年的碳排放数据是当年综合口径上的排放量，其中包括新增工业项目产生的排放，也包括存量工业企业的排放（含存量工业用地中扩大生产带来的增量排放），而这两方面的数据很难分别获取，后者也难以准确地被剔除，因此仅采用综合口径的排放数据。不过，这可以综合包含新增工业与存量工业相互作用下的综合影响，符合且满足本书研究目的。

其二，核心解释变量。$LG_{i,T-t}$ 表示 i 地区 $T\text{-}t$ 年的地方政府工业用地供应行为变量，包括供应面积、协议面积比重、价格偏离度。这三个方面同时影响工业能源碳排放，因此模型中同时引入。为了考察当期影响和滞后效应，借鉴前人的方法（杨其静等，2014），模型中同时引入了当期项、滞后一期项和滞后两期项。

①供应面积。供应面积，不仅包括协议、招拍挂等出让方式供应的面积，还包括少量转让、租赁等方式供应的面积，其土地来源包括新增、新增（来自存量库）、存量。其省级数据根据中国土地市场网的县级数据汇总得到。

②协议面积比重。在无法通过市场竞争获得优质项目时，地方政府偏向将工业用地以协议方式出让给技术装备水平、投资强度和经济效益较低的工业项目（杨其静等，2014），这意味着协议出让面积越大，低质项目引入的可能越多，能源碳排放及其产均和人均值可能更高。需要指出的是，对于战略性高科技工业项目，为了给予优惠支持，其供地也往往采取协议方式，而其能耗可能较低，但此类的工业用地面积又相对较小。

③价格偏离度。杨其静等（2014）认为地价未必明确反映出投资项目的质量，

其理由是：地方政府为了招商引资，通常通过各种名义事后返还部分甚至全部土地出让金[①]，也可能"做高名义出让价格"帮助低质项目符合相关法规规定的最低投资强度的要求；工业用地市场价格严重依赖地理位置、平整程度和配套设施水平等，难以作为标杆来判别协议方式出让价格被低估的程度。

本书选择此指标的理由如下：

第一，从理论上，与招拍挂出让的市场价格相比，协议出让价格更能反映地方政府供应倾向性偏好信号的强度，若剔除可能存在的"做高"[②]的成分，其偏好强度会更大，但总体上可以反映偏好的一致趋势。

第二，在指标构建方法上，本指标反映的是一个区域尺度的相对平均的价格偏离水平，而非宗地尺度的价格偏离水平。一方面，不同等级的工业用地最低出让价已经考虑到区位因素，通过工业用地协议出让价格与工业用地最低供应价格的差值，可以"差分"并规避区位等因素的影响。另一方面，用偏差值与工业用地最低供应价格的比值可以进一步剔除区域间"经济购买力"差异的影响，并且也一定程度体现对工业用地最低出让价格政策的执行力度。

第三，实证研究表明，县级尺度工业用地出让价格与工业用地最低出让价格偏离显著影响工业用地规模的扩张（Chen et al.，2018），低于市场价或免费拿地的企业容易造成土地扩张，地均投资和地均产出低下，而以市场价拿地的企业会更加节约用地（Meng et al.，2008），增加投资，提高效益。

其三，控制变量。$Z_{i,T-2}$ 表示 i 地区 $T-2$ 年的控制变量，包括发展阶段指标（经济水平、产业结构、对外开放程度、城镇化水平）、环境规制等。本书分别以人均产值（1998 年不变价[③]）、工业产值比重、外商直接投资占比、城镇人口比重表示

① 本书认为，返还出让金在现实中确实存在。但理性的地方政府仅把"出让金"作为推动地方发展的代价或"诱饵"，如地区经济增长、税收增加、地方就业，以及公共基础设施建设（如工业企业修路等）。因此，返还出让金实质上在以上方面发挥了不可替代的"诱饵"作用。
②从长期来看，协议出让中"做高"的名义价格（通常等于或略高于政策要求下的最低价格）与真实价格的偏差程度，和招拍挂出让中的"返还出让金"前的名义价格（市场价格）与真实价格的偏差程度趋向一致。理由是，价格的偏离程度越高，意味着土地的"剩余收益/价值"就越大。随着市场化程度和信息公开化程度的提高，同一类企业在选择过程中趋向权衡其偏差程度，趋向选择偏离程度大（政策若允许，同时还希望真实价格更低，以降低企业的土地成本）的供应方式，从而使得两种偏差程度趋于一致。但从中短期来看，总体上协议中的真实价格低于招拍挂中的真实价格，不然企业也不会愿意通过协议方式来获取土地。
③ 根据研究时期不同，不同文献选取的不变价基期年份也不同。这里选取 1998 年，与选其他年份作为基期，对回归结果的影响方向是一致的。

发展阶段指标。

　　同时，可从"事前/中"投资、"事后"收费和"末端"治理绩效三个方面来考察环境规制强度[1]。首先，"三同时"是环境管理中一项重要制度，这有利于为污染治理进行预防性投资，包括购买治理设备等，规避可能产生的内生性问题（吴伟平等，2017），因此常用"单位工业产值的'三同时'项目环保投资[2]"来表征"三同时"政策的执行程度。其次，收取环境污染费是地方政府常规的环境管理手段，具有行政惩罚性质，一定程度上影响到企业的排放行为，故可用"单位工业产值的排污费"表征行政性惩罚程度。最后，考虑到二氧化硫排放与碳排放具有"同根同源"特征[3]，故也可选用工业二氧化硫治理率[4]。考虑到三类指标共线性和内生性风险，以及地方政府的偏好程度，参照常用做法，本书最终选取"单位工业产值的排污费"即用排污收费强度表征环境规制强度。

　　$DUM_{i,T-2}$ 表示 i 地区 $T-2$ 年的虚拟变量，包括政策虚拟变量、区位虚拟变量。样本考察期内全国低碳试点城市和省区共有两批，分别是 2010 年和 2012 年。若该省区市是低碳试点省区或有低碳试点城市，即取值 1，否则取值 0。按照东部、中部、西部三个地区分区是普遍采用的区位划分方法，较好地反映了区域的资源禀赋、发展阶段等综合特征。东部虚拟变量赋值：东部取值 1，否则取值 0；西部虚拟变量赋值方法同样。见表 3-1。

---

① 考虑到三个环境规制变量可能存在显著相关导致结果偏误，为了稳健起见，本书尝试仅保留一个变量（"单位工业产值的排污费"）进行回归，结果和同时纳入三个环境规制变量的结果基本一致，而且平均 VIF 未超过严重共线性的上限值（10）。由此可见，同时纳入三个环境规制变量的结果是基本稳健的。说明用"单位工业产值的排污费"来作为环境规制强度，具有较强的代表性和稳健性。

② 吴伟平等（2017）认为，将污染治理支付成本作为环境规制强度度量指标，极易导致环境规制变量呈现出较严重的内生性问题。其理由是：由于污染治理支付成本等投入型指标通常与地区产业发展水平、工业总产值占比以及各地区地方政府污染减排偏好密切相关，故该类指标不是严格的外生性变量。采用环保投资与工业产值的比来表征，并且滞后两期，一定程度上可规避内生性问题。

③ 其"同根同源"特征也决定了碳排放量与二氧化碳排放量具有互为"因果"关系，因此存在内生性风险。不过，通过引入二氧化硫的治理率，一定程度上反映环境规制强度，并滞后两期，可尽量规避内生性问题。

④ 现有文献将"工业二氧化硫治理率"作为环境规制强度的替代变量（如 Zhang et al.，2017）。然而，需要指出的是，工业二氧化硫治理率越高并不必然导致碳排放越少。实际上，工业二氧化硫的末端治理，很可能会增加二氧化碳排放，可能的原因包括：工艺上通常以"湿法"为主，最终排放二氧化碳；需要消耗能源（如电力等），也会引致二氧化碳排放。可见，与碳排放治理（碳减排）可能存在"挤出效应"。

表 3-1　变量选取与解释

变量类型	变量代码	变量名称	变量解释	预期方向
被解释变量	C_energyind1	工业能源碳排放/万 tc	包括 17 种终端能源品种的碳排放，以及加工转换过程中火力、供热所消费的能源碳排放	/
	C_energyperindma	产均工业能源碳排放/（tc/万元）	工业能源碳排放/工业总产值（1998 年不变价）	/
	C_percapinde	人均工业能源碳排放/（tc/人）	工业能源碳排放/总人口	/
解释变量	LG3_indareLM	供应面积/hm²	以工业用地出让为主，还包括划拨、租赁等少量的工业用地供应面积	+
	LG3_indper2LM	协议面积比重/%	工业用地协议出让面积/供应面积×100	+
	LEPR_indpridev	价格偏离度/%	（工业用地协议出让价格−工业用地最低供应价格）/工业用地最低供应价格×100	−
控制变量	gdp_percap98ma	人均产值/（元/人）	地区生产总值（1998 年不变价）/总人口	+/−
	gdp_indper	工业产值比重/%	工业产值/地区生产总值×100	+/−
	FDI_gdpper	外商直接投资占比/%	实际利用外商直接投资/地区生产总值×100	+/−
	PU_urban	城镇化率/%	城镇人口/总人口×100	+/−
	WAST_feetotind	排污收费强度/（元/万元）	排污费总额/工业产值	−
	dum_polredass2011	"温控"考核政策	2011 年及以后=1，其他=0	−
	dum_areathreast	东部	东部=1，其他=0	+
	dum_areathrwest	西部	西部=1，其他=0	+

3.2.1.2　动态面板回归模型

考虑到可能存在的碳排放路径依赖，以及一定程度上规避潜在遗漏变量导致的估计偏误问题和潜在的内生性问题，为充分考察模型中除被解释变量之外的其他因素对被解释变量的影响，本书借鉴相关研究（张华等，2017；Zhang et al.，2017）的方法，引入被解释变量的一期滞后项，构建动态面板回归基本模型：

$$C_{i,T} = \alpha + \alpha_1 C_{i,T-1} + \sum_{t=0}^{2} \beta LG_{i,T-t} + \chi Z_{i,T-2} + \gamma DUM_{i,T-2} + \alpha_i + \lambda_T + \varepsilon_{i,T} \qquad (3\text{-}2)$$

3.2.1.3 面板门槛回归模型

以上两种模型，均存在一种基本假设：工业用地供应行为与工业能源碳排放是线性的关系。然而，现实中，二者的关系也可能随着发展阶段的演变而出现变化。为进一步考察发展阶段在工业用地供应方式与工业能源碳排放关系中是否存在显著门槛效应，本书参照 Wang（2015）建立的基于面板数据的双门槛回归基本模型：

$$C_{i,T} = \alpha_0 + \sum_{t=0}^{2} \beta LG_{i,T-t} + \chi Z_{i,T-2} + \gamma DUM_{i,T-2} + \varphi_1 LG_{i,T}I(D_{i,T-2} < \gamma_1)$$

$$+ \varphi_2 LG_{i,T}I(\gamma_1 \leq D_{i,T-2} < \gamma_2) + \varphi_3 LG_{i,T}I(D_{i,T-2} \geq \gamma_2) + u_i + \varepsilon_{i,T} \qquad (3\text{-}3)$$

式中，$LG_{i,T}$ 为关键解释变量，同式（3-1）；$D_{i,T-K}$ 为门槛变量，分别可选取经济水平（即人均产值）；$Z_{i,T-2}$ 为一般控制变量，是剔除选取的某门槛变量后其他的控制变量；$DUM_{i,T-2}$ 为虚拟变量，同式（3-1）。

3.2.2 数据来源与描述统计

3.2.2.1 数据来源

中国能源数据主要来自《中国能源统计年鉴》。根据相关文献（IPCC，2006；Fan et al.，2007；国家气候变化对策协调小组办公室，国家发展改革委能源研究所，2007；刘红光，2010；刘红光等，2010；卢娜，2011；国家发展改革委，2014；国家统计局，2012），综合取舍 17 种能源品种的能源净发热值、潜在碳排放系数、能源燃烧的氧化率的经验值，结合工业的能源消费量来计算得到工业能源碳排放，结合工业产值和人口求得产均量和人均值。见表 3-2。

表 3-2　主要能源品种排放系数参考值

序号	能源品种	英文名称	潜在碳排放系数/（tC/TJ）	净发热值（低位）/（TJ/万 t，TJ/亿 m³）	碳氧化率	估算系数/（tC/万 t，tC/亿 m³）
1	原煤	Raw Coal	26.53	209.08	0.96	5 304.30
2	洗精煤	Cleaned Coal	25.46	263.44	0.98	6 571.75
3	其他洗煤	Other Washed Coal	25.80	94.09	0.98	2 378.85
4	型煤	Briquettes	29.70	168.00	0.94	4 690.22
5	焦炭	Coke	30.35	284.35	0.95	8 173.30

序号	能源品种	英文名称	潜在碳排放系数/（tC/TJ）	净发热值（低位）/（TJ/万 t, TJ/亿 m³）	碳氧化率	估算系数/（tC/万 t, tC/亿 m³）
6	焦炉煤气	Coke Oven Gas	12.10	1 735.35	1.00	20 892.75
7	其他煤气	Other Gas	12.10	1 827.00	1.00	21 996.17
8	其他焦化产品	Other Coking Products	29.33	282.00	0.95	7 894.05
9	原油	Crude Oil	20.05	418.16	0.98	8 254.19
10	汽油	Gasoline	19.55	430.70	0.99	8 293.88
11	煤油	Kerosene	19.58	430.70	0.99	8 317.13
12	柴油	Diesel Oil	20.19	426.52	0.99	8 487.62
13	燃料油	Fuel Oil	21.10	418.16	0.99	8 700.83
14	液化石油气	liquefied petroleum gas，LPG	17.20	501.79	0.99	8 542.32
15	炼厂干气	Refinery Gas	16.95	459.98	0.99	7 716.75
16	其他石油制品	Other Petroleum Products	20.00	401.90	0.99	7 917.43
17	天然气	Natural Gas	15.31	3 893.10	0.99	59 137.02

注：（1）净发热值：根据中国具体情况，分品种能源热值采用《中国能源统计年鉴（2012）》中规定的分品种能源平均低位热值，当年鉴中没有规定时，首先采用关于中国的文献参考值的平均值，如还没有，最后才采用 IPCC 默认热值。（2）潜在碳排放系数：基本采用关于中国的文献参考值的平均值，若无参考值，最后采用 IPCC 潜在排放系数的默认值。（3）碳氧化率：考虑到中国能源运输、利用方式与效率等问题，根据有关学者研究成果，按照其文献参考值的平均值求取。不同时期、不同地区的能源利用效率等存在一定差异，碳氧化率会有不同，为简化，本书采用其平均值作为各省区市的估算系数值。考虑到电力、热力在内的清洁能源并不排放二氧化碳，消费由含碳能源而产生的清洁能源其实质还是间接消费含碳能源（刘红光，2010），部分是由其他非含碳的能源（如太阳能、水能、风能、核能等）转换而来，考虑到资料获取的困难性，本书重点估算火力发电和热力所消耗的 17 种常规含碳能源品种对应的碳排放量。矿物燃料非能源利用的固碳率很低，仅为 0.50%～1.00%（国家气候变化对策协调小组办公室，国家发展改革委能源研究所，2007），固碳量不到总含碳量的 1%，故可忽略不计（刘红光等，2010）。

　　中国土地数据主要来自中国土地市场网、《中国国土资源年鉴》《中国国土资源统计年鉴》。其中，供应面积根据中国土地市场网上各县级单位面积，求取汇总值。协议面积比重，是根据各省区市的协议出让面积汇总值和供应面积汇总值计算得到。在价格偏离度计算中，首先，根据各县级单位的协议出让总价款和总面积，计算得到各省区市的协议价格平均值；其次，根据某等级供应面积和对应等级的最低出让价格，求得各省区市最低出让价格的价款；然后除以各省区市供应总面积，最终得到最低供应价格。其中，1～15 等工业用地价格来自"全国工业用地出让最低价标准"（国土资发〔2006〕307号），15等以下的土地按照15等价格来计算。

其他经济社会数据主要来自《中国统计年鉴》《中国城市统计年鉴》《中国城市建设统计年鉴》等。样本范围：30个省区市（不含西藏、香港、澳门和台湾），由于中国土地市场网的数据从2007年起相对准确，因此样本考察期为2007—2016年。

3.2.2.2 描述统计

总体上，各省区市的差异显著，尤其表现在工业能源碳排放、供应面积、人均产值等方面。特别需要注意的是，工业用地协议出让价格与工业用地最低供应价格偏离度均值为−52.08%，意味着样本的工业用地供应中协议出让价格比最低工业供应价格要低一半以上。主要变量描述统计见表3-3。

表3-3 主要变量描述统计

变量	样本量	均值	标准差	最小值	最大值
工业能源碳排放/万tc	300	7 160.30	5 108.42	405.25	22 559.43
产均工业能源碳排放/（tc/万元）	300	4.68	3.22	1.22	20.66
人均工业能源碳排放/（tc/人）	300	1.80	1.22	0.37	6.69
供应面积/hm²	300	4 470.78	3 692.79	53.73	20 973.41
协议面积比重/%	300	15.09	20.14	0.00	96.04
价格偏离度/%	300	−52.08	63.84	−99.32	613.12
人均产值/（元/人）	300	10 890.56	5 211.22	3 145.40	24 605.02
工业产值比重/%	300	40.17	8.25	11.90	56.49
外商直接投资占比/%	300	2.34	1.83	0.04	8.19
城镇化率/%	300	53.54	13.56	28.24	89.60
排污收费强度/（元/万元）	300	11.04	8.99	0.93	88.13

3.3 实证结果与分析

本研究采用的统计软件为Stata14.1，其模型运用过程主要如下：在基本面板回归模型中，经过豪斯曼检验（Hausman）可知 P 值均小于0.000，这表明固定效应模型更为合适；为了规避异方差问题，采用稳健的固定效应模型（记为FE_r），具体回归结果分别见表3-4中的（1）、（3）、（5）。

表 3-4　工业用地供应行为对碳排放影响的回归结果

变量	工业能源碳排放		产均工业能源碳排放		人均工业能源碳排放	
	（1）	（2）	（3）	（4）	（5）	（6）
	FE_r	SYS-GMM	RE_r	SYS-GMM	FE_r	SYS-GMM
因变量滞后一期项	0.761^{***}	0.996^{***}	1.078^{***}	1.173^{***}	0.653^{***}	0.762^{***}
	（16.670）	（16.270）	（24.120）	（7.370）	（8.010）	（8.280）
供应面积	0.033^{**}	0.076^{***}	0.000	0.000	0.000^{**}	0.000^{*}
	（2.300）	（2.700）	（0.280）	（0.740）	（2.430）	（1.720）
L1.供应面积	0.025^{*}	0.021	0.000	0.000	0.000^{*}	−0.000
	（1.820）	（1.040）	（0.000）	（0.250）	（1.930）	（−0.13）
L2.供应面积	$0.016^{\#}$	0.001	0.000	0.000	0.000	0.000
	（1.530）	（0.070）	（0.660）	（0.730）	（1.410）	（1.150）
协议面积比重	−4.062	$-9.852^{\#}$	0.001	0.006	−0.003	-0.005^{*}
	（−0.84）	（−1.54）	（0.140）	（0.980）	（−1.32）	（−1.68）
L1.协议面积比重	2.958	3.823	−0.002	−0.001	0.000	−0.002
	（0.880）	（0.540）	（−0.37）	（−0.17）	（0.230）	（−1.23）
L2.协议面积比重	−2.755	−2.308	0.006^{**}	0.007^{**}	0.000	−0.001
	（−1.33）	（−0.66）	（1.960）	（2.110）	（0.730）	（−0.84）
价格偏离度	−0.072	1.073	0.000	−0.000	0.000	0.000
	（−0.15）	（1.020）	（0.540）	（−0.26）	（0.590）	（0.370）
L1.价格偏离度	−0.506	−0.361	−0.000	−0.001	−0.000	−0.000
	（−1.38）	（−1.07）	（−0.38）	（−0.69）	（−0.58）	（−0.37）
L2.价格偏离度	−0.651	0.285	-0.001^{*}	-0.003^{*}	−0.000	−0.000
	（−0.96）	（0.230）	（−1.74）	（−1.87）	（−1.16）	（−0.69）
L2.人均产值	0.115^{*}	0.332^{***}	0.000	0.000	$0.000^{\#}$	0.000
	（1.930）	（3.350）	（−0.23）	（−0.97）	（1.530）	（0.970）
L2.工业产值比重	-37.002^{**}	−12.594	0.000	0.024	-0.018^{*}	−0.009
	（−2.08）	（−0.52）	（0.020）	（0.350）	（−1.92）	（−0.66）
L2.外商直接投资占比	10.941	$-73.865^{\#}$	0.025	0.039	$0.019^{\#}$	−0.026
	（0.400）	（−1.45）	（0.880）	（0.420）	（1.540）	（−0.95）
L2.城镇人口比重	-58.500^{**}	-169.480^{***}	0.007	0.063	−0.015	−0.029
	（−2.13）	（−4.04）	（0.460）	（1.100）	（−1.27）	（−1.09）
L2.排污收费强度	−1.669	0.254	0.002	0.009	−0.003	−0.007
	（−0.30）	（0.030）	（0.300）	（0.760）	（−0.64）	（−1.04）

变量	工业能源碳排放		产均工业能源碳排放		人均工业能源碳排放	
	（1）	（2）	（3）	（4）	（5）	（6）
	FE_r	SYS-GMM	RE_r	SYS-GMM	FE_r	SYS-GMM
L2."温控"考核政策	−17.117	−213.065	0.338***	0.594**	−0.034	−0.085
	（−0.14）	（−0.81）	（4.400）	（2.140）	（−0.80）	（−1.38）
东部地区		2 187.486*		6.281#		0.694
		（1.900）		（1.490）		（0.800）
西部地区		99.302		7.927***		1.159
		（0.050）		（3.390）		（1.220）
常数项	4 976.526***	5 203.350**	−0.864	−9.655*	1.391*	1.306
	（3.300）	（2.370）	（−1.03）	（−1.90）	（2.040）	（0.820）
样本量	240	240	240	240	240.000	240
R^2	0.792				0.74	
调整后 R^2	0.777				0.721	
豪斯曼检验	0.024		0.333		0.000	
一阶自相关检验		0.015		0.007		0.054
二阶自相关检验		0.253		0.348		0.233
Hansen 检验		0.998		1.000		0.973

注：①#、*、**、***分别表示 15%、10%、5%、1%的水平上显著。②本书放宽了扰动项为独立分布的假定，采用 Hansen 检验，原假设为"所有工具变量均为有效"。③扰动项存在一阶自相关（$P<0.1$），但不存在二阶自相关（$P>0.1$），因此，可以接受"扰动项无自相关"的原假设。④括号内为 t 值。⑤为了规避异方差问题，采用稳健的固定效应模型（记为 FE_r）、稳健随机效应模型（记为 RE_r）；系统 GMM 估计结果记为 SYS-GMM。

为进一步考虑可能存在的内生性问题，引入因变量的滞后一期项。Hansen 检验的 P 值均大于 0.95，说明系统 GMM 新增工具变量不存在过度识别问题，是有效的；AR（1）P 值小于 0.05，AR（2）P 值大于 0.1，表明随机扰动项只存在一阶自相关，不存在二阶自相关。由此可确定适合采用系统 GMM 的估计方法（记为 SYS-GMM），具体回归结果分别见表 3-4 中的（2）、（4）、（6）。双门槛 LR 图形见图 3-2。

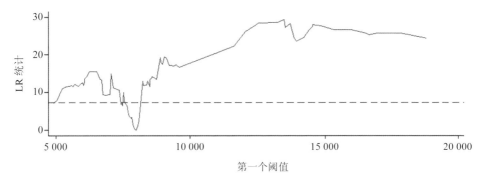

图 3-2 双门槛 LR 图形（人均产值）

为进一步考察不同的经济发展阶段下，工业用地协议供应行为对工业能源碳排放差异性的影响，进行了门槛检验，发现协议出让面积比重具有单门槛效应，故采用面板门槛回归模型。分组后的具体回归结果见表 3-5。

表 3-5 以人均产值为门槛变量的回归结果

变量	RE_r	FE_r	SYS-GMM	
	人均产值< 8 000 元	人均产值≥ 8 000 元	人均产值< 8 000 元	人均产值≥ 8 000 元
	（1）	（2）	（3）	（4）
L1.工业能源碳排放	0.976***	0.708***	0.802***	0.815***
	（60.390）	（13.080）	（15.720）	（15.870）
供应面积	0.075***	0.011	0.059***	0.034*
	（3.560）	（0.590）	（2.690）	（1.670）
L1.供应面积	−0.023	0.040***	−0.042*	0.046***
	（−1.20）	（3.390）	（−1.94）	（2.840）
L2.供应面积	0.011	0.010	0.005	−0.006
	（0.430）	（0.860）	（0.300）	（−0.39）
协议面积比重	−1.260	−12.559	−1.955	−6.632
	（−0.44）	（−1.47）	（−0.70）	（−1.11）
L1.协议面积比重	−0.118	5.327	1.945	8.983
	（−0.04）	（1.260）	（0.540）	（1.160）
L2.协议面积比重	2.108	−4.564	0.575	−3.188
	（1.150）	（−1.33）	（0.260）	（−0.76）

变量	RE_r	FE_r	SYS-GMM	
	人均产值 8 000 元	人均产值≥ 8 000 元	人均产值 8 000 元	人均产值≥ 8 000 元
	（1）	（2）	（3）	（4）
价格偏离度	4.082	−0.290	6.113	0.753
	(1.610)	(−0.63)	(1.420)	(0.860)
L1.价格偏离度	−3.279	−0.551	−0.487	−0.137
	(−1.30)	(−1.47)	(−0.17)	(−0.39)
L2.价格偏离度	1.580	−1.073	2.568	−0.589
	(0.460)	(−1.34)	(0.660)	(−0.44)
常数项	531.349	6 746.352***	3 729.532**	9 275.591***
	(0.980)	(2.940)	(1.980)	(3.530)
样本量	71	169	71	169
R^2		0.790		
调整后 R^2		0.767		
豪斯曼检验	0.311	0.002		
一阶自相关检验			0.045	0.017
二阶自相关检验			0.696	0.206
Hansen 检验			1.000	1.000

注：其他控制变量略去。

3.3.1　供应规模的影响：规模效应

　　总体上，不管是对工业能源碳排放，还是对产均工业能源碳排放、人均工业能源碳排放，工业用地供应行为的规模效应都较为稳健，其中供应面积对工业能源碳排放具有显著的正向影响。

　　供应面积的扩大为工业规模扩张提供了土地保障，伴随而来的是工业煤炭等能源消费量的增加。数据显示，供应面积当期项、滞后一期项和滞后两期项与工业产值、工业煤炭消费量（包括原煤、精洗煤、其他洗煤）的相关系数均超过 0.5，这也验证了供应面积扩大与工业能源碳排放增加显著相关。供应面积的当期项和滞后项对产均工业能源碳排放的回归系数均为正，但都没有通过显著性检验，这取决于新引入的工业项目碳排放强度平均水平。当引入的工业项目比存量工业平均碳排放强度更高，总体工业行业的碳排放强度趋高；然而，环保压力和环境规制趋强，新引入工业项目的排放强度可能趋低，不过在整个样本期内，这一积极作用并未充分发挥。供应面积正向影响人均工业能源碳排放，但总体上影响较小，滞后性影响趋于弱化且不显著。

3.3.2　供应方式的影响：方式效应

总体上，协议面积比重对工业能源碳排放的影响较为稳健，但有正有负，且显著性很弱。其中，协议面积比重滞后两期项对产均工业能源碳排放正向影响显著（5%水平）；协议面积比重当期项对人均工业能源碳排放负向影响显著（10%水平）。这可能说明，方式效应主要体现在碳排放强度上，其协议方式影响具有复杂性。

为进一步考察不同的经济水平下，工业用地协议供应行为对工业能源碳排放的差异性影响，本研究进行了门槛检验，发现协议出让面积比重具有单门槛效应，且在 5%水平上通过检验（P=0.033 3）。其门槛值为 7 987.747 1 元/人（1998 年不变价），95%置信区间为 [7 723.017 1～8 056.746 6]，因此取门槛值为 8 000 元/人（1998 年不变价）。

由分组回归结果可知（见表 3-5），对于人均产值较低的地区，协议面积比重对工业能源碳排放的回归系数随着滞后期增加呈现由负转正的趋势。对于人均产值较高的地区，协议面积比重滞后两期项的回归系数为负。与人均产值较低的地区相比，人均产值较高地区的回归结果中，协议面积比重回归系数绝对值更大，这可能说明其影响更大。由此表明，协议面积比重在不同的经济水平地区，对工业能源碳排放的影响存在一定程度上的差异。

其中可能的重要原因在于不同发展水平地区工业类型存在差异。借鉴文献（Shan et al.，2017），将工业分为高科技工业、轻工业、重工业和能源生产工业四类，其平均的能耗强度、碳排放总体上是逐步递增的。通过对比两类地区的四类工业用地供应中协议面积的比重可知，高水平组协议比重均小于低水平组的平均水平，其中能耗强度最大的能源生产工业和重工业的协议比重相差最大，高科技工业协议面积比重相差最小，见表 3-6。

表3-6 四类工业协议供应面积比重

分组	变量	样本量	均值	标准差	最小值	最大值
低水平组	高科技工业协议面积比重/%	92	0.74	2.09	0.00	16.66
	轻工业协议面积比重/%	92	5.65	7.16	0.01	26.88
	重工业协议面积比重/%	92	10.01	14.01	0.03	81.91
	能源生产工业协议面积比重/%	92	4.42	7.89	0.00	53.78
高水平组	高科技工业协议面积比重/%	148	0.62	1.64	0.00	11.70
	轻工业协议面积比重/%	148	4.13	7.06	0.00	51.10
	重工业协议面积比重/%	148	8.23	13.85	0.00	69.80
	能源生产工业协议面积比重/%	148	2.40	4.46	0.00	33.21
总体	高科技工业协议面积比重/%	240	0.66	1.82	0.00	16.66
	轻工业协议面积比重/%	240	4.71	7.12	0.00	51.10
	重工业协议面积比重/%	240	8.91	13.91	0.00	81.91
	能源生产工业协议面积比重/%	240	3.17	6.08	0.00	53.78

注：①表中数字基于2007—2014年30个省区市数据整理得到（不含西藏的数据）。②人均产值＜8 000元（1998年不变价）的样本为低水平组；人均产值≥8 000元（1998年不变价）的样本为高水平组。

特别需要说明的是，样本回归的结果反映的是总体样本一般意义上的影响方向。由数据可知，协议供应的工业用地以高耗能的重工业和能源生产工业为主，占比近70%，而高科技工业比重不到5%。工业用地供应中的协议面积比重越大，往往意味着更多的高耗能工业项目，也意味着更高的碳排放水平。但随着新环保法的施行、生态文明建设的推进、弹性土地供应方面法规政策的出台（尤其是2015年以来），地方政府在协议供地过程中对项目环保审核已适当收紧，在一定程度上对工业能源碳排放产生了微妙的影响（进一步分析见 3.4.4），这很可能是分组回归结果未能通过显著性检验的原因。

3.3.3 供应价格的影响：价格效应

总体上，价格偏离度对三个工业能源碳排放变量的影响为负，滞后项的负向影响尤为稳健，滞后二期项对产均工业能源碳排放的影响显著为负。这表明工业用地协议出让价格越接近最低供应价格，工业能源碳排放越大，尤其表现在碳排放强度上。这一影响具有滞后性。

　　工业用地出让价格偏离度反映了区域工业用地市场的竞争程度（Chen et al.，2018），其协议出让价格也体现了地方政府供应价格的"底线"和"引资的诚意"。值得注意的是，协议价格偏离与商品房用地供应面积相关系数为负，而"工业用地协议出让价格与商住用地供应价格偏离"和商住用地价格、商住用地收入相关系数均为负。这可能印证：低价协议出让工业用地只是地方政府土地供应组合拳中的"一拳"，往往伴随着高价供应更多的商住用地、以获取更多财税的另"一拳"（薛慧光等，2013；唐鹏等，2014；张涌，2018）。

　　一般来说，较高的土地成本在一定程度上抑制着工业企业（尤其是低端企业）的扩张规模。但由于协议价格本来就较低，相比市场价格更低，因此，通过协议获得的用地越多，意味着获得的"价格剩余"越多，抑制作用非常有限，反而还可能促使工业企业竞争趋于激烈，工业用地供应宗地数略有增加。价格偏离度与工业用地供应宗地数量的相关系数为正。地价是市场竞争程度的反映，以较高价格获得土地的工业企业"实力"可能更强，往往会更加集约经营土地（Meng et al.，2008）。价格偏离度与工业产值的相关系数为正，其滞后两期的相关系数更大，且其滞后两期项与"规模以上工业企业 R&D 支出占所有工业企业产值比重"的相关系数更高。这表明，对于总体的工业企业而言，较高的协议价格对研发资金可能并没有"挤出"作用，反而在一定程度上会倒逼研发强度，为工业产值的增加提供有力的技术保障。有研究也证实合理的工业用地价格有利于促进产业升级（李美姣，2018）和工业效率提升（席强敏等，2019）。

3.3.4　上期碳排放影响：锁定效应

　　由 SYS-GMM 模型回归结果可知，工业能源碳排放、产均工业能源碳排放和人均工业能源碳排放三个指标的滞后一期项均在 1%水平上显著，回归系数分别为 0.996、1.173、0.762。这表明工业能源碳排放具有显著的"锁定效应"或"黏性"。其中，产均工业碳排放的"锁定效应"或"路径依赖性"表现得更强，而人均工业能源碳排放的"路径依赖性"较弱。这可能的原因是：产均指标更能反映地区的碳生产率，主要取决于技术水平、产业结构，短期改变的难度更大；人均指标受到人口流动和城镇人口增长的影响较大。Zhang 等（2017）研究表明，人均综合碳排放（各类碳排放之和的人均值）滞后一期项的回归系数为 0.534～0.578，均在 1%水平上显著；张华等（2017）研究表明，碳排放总量滞后一期项、单位 GDP 碳排放滞后一期项的回归系数分别为 0.692 9、0.523 2～0.777 8，且均在 1% 水平上显著。尽管考察的时间和碳排放范围存在一定的差异，但总体上较好地反映了工业能源碳排放与碳排放总量均有显著的"路径依赖性"。另外，通过初步对比发现，工业能源碳排放、产均工业能源碳排放和人均工业能源碳排放的滞后一期项回归系数比综合碳排放的对应指标的回归系数略大（0.996＞0.692 9，1.173＞0.777 8，0.762＞0.578），这也可能说明了工业能源碳排放具有更强的"路径依赖性"。

3.4 稳健性检验

虽然前文采用的模型较好地验证了地方政府工业用地供应行为对工业能源碳排放的影响，但事实上，一方面，土地供应规模、协议面积比重和价格偏离可能会在一定程度上存在"递进关系"，进而可能导致系统偏误；另一方面，由于工业能源碳排放受行业类型影响较大，且土地供应的行业类型与供应方式可能存在显著的相关性，如果不考虑行业类型对碳排放的影响，模型会遗漏重要变量，导致内生性问题。另外，本研究进一步考虑了存量工业用地对综合的工业能源碳排放的影响，以及不同政策时段可能带来的影响。

3.4.1 效应间相关性的检验

从相关系数上看，供应面积反映了土地供求情况，协议出让面积比重更多的是反映土地市场化程度，两者没有必然联系，同时，供应面积与价格偏离度的上升和下降也不存在必然的相关关系。而协议面积比重与工业用地供应的平均价格可能存在很强的相关性，但与价格偏离度也没有必然联系。即便如此，本研究在计量模型中仍然采用了逐步加入解释变量的方法来处理。具体分三步进行回归，将规模效应、协议效应及价格效应逐次考虑到模型中。以 GMM 模型为例，工业用地供应对碳排放的稳健性检验回归结果见表 3-7。

表 3-7　稳健性检验回归结果（逐步增加解释变量）

变量	工业能源碳排放			产均工业能源碳排放			人均工业能源碳排放		
	（1）	（2）	（3）	（4）	（5）	（6）	（7）	（8）	（9）
因变量滞后一期项	0.993***	0.983***	0.996***	1.175***	1.177***	1.173***	0.792***	0.765***	0.762***
	(16.820)	(16.750)	(16.270)	(7.510)	(7.610)	(7.370)	(8.090)	(8.260)	(8.280)
供应面积	0.063***	0.069***	0.076***	0.000	0.000	0.000	0.000**	0.000**	0.000*
	(2.940)	(2.720)	(2.700)	(1.060)	(0.650)	(0.740)	(2.500)	(1.980)	(1.720)
L1.供应面积	0.036*	0.015	0.021	0.000	0.000	0.000	0.000	0.000	0.000
	(1.720)	(0.770)	(1.040)	(−1.02)	(0.030)	(0.250)	(0.990)	(−0.12)	(−0.13)
L2.供应面积	−0.005	0.005	0.001	0.000*	0.000	0.000	0.000	0.000	0.000
	(−0.28)	(0.330)	(0.070)	(1.660)	(1.070)	(0.730)	(1.170)	(1.140)	(1.150)
协议面积比重		−11.315**	−9.852#		0.004	0.006		−0.004*	−0.005*
		(−2.01)	(−1.54)		(1.130)	(0.980)		(−1.75)	(−1.68)
L1.协议面积比重		1.006	3.823		0.001	−0.001		−0.001	−0.002
		(0.260)	(0.540)		(0.200)	(−0.17)		(−0.85)	(−1.23)
L2.协议面积比重		−3.929#	−2.308		0.006**	0.007**		−0.001*	−0.001
		(−1.58)	(−0.66)		(2.500)	(2.110)		(−1.84)	(−0.84)
价格偏离度			1.073			0.000			0.000
			(1.020)			(−0.26)			(0.370)
L1.价格偏离度			−0.361			−0.001			0.000
			(−1.07)			(−0.69)			(−0.37)
L2.价格偏离度			0.285			−0.003*			0.000
			(0.230)			(−1.87)			(−0.69)
样本量	240	240	240	240	240	240	240	240	240
一阶自相关检验	0.021	0.014	0.015	0.007	0.007	0.007	0.063	0.054	0.054
二阶自相关检验	0.551	0.406	0.253	0.889	0.659	0.348	0.602	0.504	0.233
Hansen检验	0.949	1.000	0.998	1.000	1.000	1.000	0.952	0.978	0.973

注：其他控制变量略去。

3.4.2　工业类型影响的检验

作为地方政府的主要调控手段，供地方式很大程度上影响着引入企业的行业类型，因此，在"土地引导产业走"的视角下，行业类型在一定程度上内生于供地方式。但毋庸置疑，现实中多是"土地跟着产业走"的情况，即地方政府在一定时期内往往具有特定的产业类型偏好，从而采用特定的供地方式和价格。为此，根据碳排放强度差异，借鉴文献（Shan et al.，2017），将工业行业进一步细分为能源生产工业、高科技工业、重工业和轻工业四类。

细分后的数据显示，同类型工业的协议面积比重在不同时点和不同地区并非固定不变。这表明，不同地区或时期的地方政府，在引入同类工业用地项目时，土地供应方式的选择具有灵活空间，因此，未列入的行业变量影响度较小。这也是本研究仅控制"工业产值比重"的主要原因。

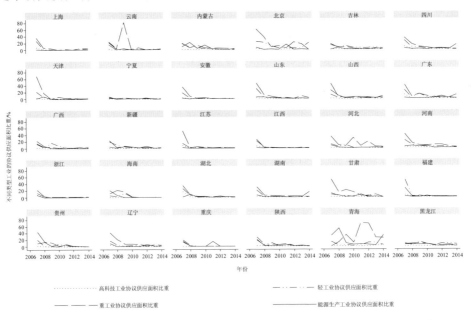

图 3-3　各省区市不同类型工业的协议供应面积比重变化

为了稳健起见，本研究针对不同类型工业供应进行了分组回归。考虑到工业类型对工业能源碳排放的影响主要表现在碳强度方面，故以产均工业能源碳排放为因变量进行分组回归（见表 3-8）。系统 GMM 模型结果显示，不同类型工业的供应面积、协议面积比重和价格偏离的回归系数显著性存在不同程度的差异。对于高科技工业，供应面积、协议面积比重的回归系数存在负数，且价格偏离存在显著正向影响，这表明高科技工业供应有利于促进整个工业的碳排放强度下降。而对于重工业而言，与总体回归结果更为一致，即供应面积和协议面积比重的回归系数总体显著，为正，价格偏离回归系数为负，这表明重工业是影响工业能源碳排放重要方面，意味着行业类型是工业用地供应行为影响碳排放的一个中介变量见表 3-8。

表 3-8　稳健性检验回归结果（分工业类型）

变量	产均工业能源碳排放			
	高科技工业	轻工业	重工业	能源生产工业
	（1）	（2）	（3）	（4）
因变量滞后一期项	0.638***	1.085***	1.081***	0.616***
	(5.150)	(6.470)	(7.660)	(6.430)
供应面积	−0.000	0.000	0.000#	0.000**
	(−0.52)	(0.300)	(1.570)	(2.100)
L1.供应面积	−0.000	0.000	0.000**	0.000#
	(−0.23)	(0.160)	(2.260)	(1.600)
L2.供应面积	−0.000	0.000	−0.000	0.001***
	(−0.92)	(1.430)	(−0.43)	(3.810)
协议面积比重	−0.151	0.016	0.023***	0.002
	(−0.98)	(0.820)	(2.650)	(0.210)
L1.协议面积比重	0.021	−0.019	−0.011*	0.014
	(0.200)	(−0.64)	(−1.83)	(1.040)
L2.协议面积比重	−0.006	0.033**	0.020***	−0.009
	(−0.30)	(2.580)	(2.670)	(−0.69)
价格偏离度	−0.001	−0.001	−0.001	−0.003
	(−0.61)	(−0.72)	(−0.55)	(−1.18)
L1.价格偏离度	0.002#	−0.001	−0.006**	0.003
	(1.470)	(−0.65)	(−2.02)	(0.590)
L2.价格偏离度	0.000	−0.000	−0.000	−0.006***
	(0.380)	(−0.46)	(−1.22)	(−2.89)
常数项	−5.536#	−9.516*	−9.015*	0.365
	(−1.63)	(−1.80)	(−1.89)	(0.130)
样本量	108	175	171	133
一阶自相关检验	0.053	0.021	0.018	0.080
二阶自相关检验	0.825	0.544	0.876	0.210
Hansen 检验	0.963	0.964	0.889	0.996

注：①其他控制变量略去。②样本量中剔除了没有协议供应工业用地的样本。③供应面积、协议面积的比重和价格偏离度分别对应四类工业数据。

3.4.3　存量用地影响的检验

由于存量工业用地取得的年份及其他情况千差万别，其协议面积、价格"追溯"难度极大。不过，《中国城市统计年鉴》上列有各省区市城市的工业用地面积，即实际的城市工业用地总面积，包括上年的存量和本年转换后的实际增量。特别需要说明的是，当年的土地供应面积与实际增量面积并非完全对应，还需考虑其工业用地建设周期（一般要求为 2 年），因此，一般是当年供应面积中实际建成的部分和前两年供应面积在当年建成的部分之和。但考虑数据可获得性、来源的一致性和工业用地主要集中在城市范围内，因此，用各省区市城市的工业用地总面积作为工业用地面积的替代值，与工业能源碳排放相关系数超过 0.5。采用系统GMM 模型进行回归，其结果也表明，城市工业用地面积与工业能源碳排放正相关，且滞后一期项在1%水平上通过显著性检验，这表明，工业用地供应量与工业用地总量对工业能源碳排放的影响方向是一致的。

本研究中的工业用地供应主要来自"新增建设用地"，其面积的比重较大，部分省区市相应的比重甚至超过80%。为了检验工业用地供应对碳排放影响的稳健性，本研究将碳排放变换为增量指标（ $\Delta C = C_t - C_{t-1}$ ），作为新的因变量进行回归（见表3-9）。保持其他变量不变的情况下，采用系统GMM进行了回归，基本与采用总量指标的回归结果一致。这说明，土地供应对碳排放总量的影响和对碳排放增量的影响是基本一致的，即供应面积、协议面积比重总体是正向影响，价格偏离总体是负向影响。个别不尽一致的原因在于增量变量中含有存量工业用地的扩大再生产导致碳排放的增加部分见表3-9。

表 3-9　稳健性检验回归结果（碳排放为增量）

变量	工业能源碳排放增量	产均工业能源碳排放增量	人均工业能源碳排放增量
	（1）	（2）	（3）
因变量滞后一期项	−0.249***	0.061	−0.281***
	（−2.72）	（0.370）	（−3.35）
供应面积	0.050***	0.000	0.000**
	（2.670）	（1.100）	（2.190）

变量	工业能源碳排放增量	产均工业能源碳排放增量	人均工业能源碳排放增量
	（1）	（2）	（3）
L1.供应面积	0.017	0.000*	0.000
	（0.990）	（1.840）	（0.360）
L2.供应面积	−0.017	0.000	−0.000
	（−1.05）	（0.190）	（−0.03）
协议面积比重	0.714	0.006	0.000
	（0.240）	（0.700）	（0.370）
L1.协议面积比重	2.229	0.004	0.001
	（0.520）	（0.400）	（0.790）
L2.协议面积比重	1.367	0.010***	0.001#
	（0.480）	（2.710）	（1.580）
价格偏离度	0.262	0.001	0.000
	（0.480）	（0.790）	（0.870）
L1.价格偏离度	−0.271	0.000	0.000
	（−0.72）	（−0.15）	（−0.20）
L2.价格偏离度	−1.137	−0.003*	−0.001**
	（−0.92）	（−1.76）	（−2.08）
常数项	4 994.891***	2.260	−0.177
	（2.660）	（0.830）	（−0.26）
样本量	240	240	240
一阶自相关检验	0.005	0.004	0.037
二阶自相关检验	0.419	0.557	0.607
Hansen 检验	1.000	1.000	0.976

注：其他控制变量略去。

3.4.4　政策时段影响的检验

2015 年是生态文明建设的重要节点，国家出台或开始实施了诸多重要的法规政策，尤为重要的有：修订后的《中华人民共和国环境保护法》，中共中央、国务院印发的《生态文明体制改革总体方案》等。特别是，这一年中国提出了 2030年左右实现二氧化碳"达峰"的承诺；次年，国务院颁布实施了《"十三五"控制温室气体排放工作方案》。实证也表明，中国 2015 年以前碳排放效率很低，而 2016

年、2017 年却出现跳增（Wei et al.，2020）。土地供应对碳排放的影响很可能受到以上政策的阶段性作用影响。为此，本研究以 2015 年为分界点，对前后两个时段进行分组回归，结果表明，总体上两个时段的工业用地供应对工业能源碳排放存在差异性影响，见表 3-10。

表 3-10　稳健性检验回归结果（分不同时段）

变量	工业能源碳排放		产均工业能源碳排放		人均工业能源碳排放	
	（1）	（2）	（3）	（4）	（5）	（6）
	时段 I	时段 II	时段 I	时段 II	时段 I	时段 II
	FE_r	RE_r	FE_r	FE_r	FE_r	FE_r
因变量滞后一期项	0.616***	1.014***	0.761***	0.500*	0.565***	0.306#
	(7.210)	(98.240)	(9.920)	(1.990)	(5.840)	(1.500)
供应面积	0.045***	0.226***	0.000**	−0.000	0.000**	0.000
	(2.960)	(3.750)	(2.060)	(−0.45)	(2.290)	(1.250)
L1.供应面积	0.051***	−0.199***	0.000#	−0.000#	0.000**	−0.000
	(3.490)	(−2.93)	(1.700)	(−1.62)	(2.370)	(−1.37)
L2.供应面积	0.020#	0.048#	0.000	−0.000	0.000	−0.000
	(1.550)	(1.620)	(0.380)	(−0.04)	(0.270)	(−1.20)
协议面积比重	−5.169	−6.838**	0.011**	−0.011	−0.002	0.002
	(−0.80)	(−2.35)	(2.320)	(−0.59)	(−0.96)	(1.230)
L1.协议面积比重	2.615	−6.780*	0.002	−0.092	0.000	−0.003
	(0.580)	(−1.81)	(0.390)	(−1.35)	(0.210)	(−0.59)
L2.协议面积比重	−2.102	8.249**	0.010***	−0.076	0.001	0.006
	(−0.94)	(2.030)	(3.440)	(−0.94)	(1.320)	(1.290)
价格偏离度	0.510	−0.562*	0.003**	−0.004	0.000	−0.002
	(0.380)	(−1.96)	(2.680)	(−0.53)	(0.210)	(−1.27)
L1.价格偏离度	−3.612*	0.123	−0.002	−0.002	−0.001#	−0.001
	(−2.00)	(0.580)	(−0.84)	(−0.68)	(−1.49)	(−1.32)
L2.价格偏离度	0.510	−0.477	−0.001	−0.000	−0.000	−0.001
	(0.350)	(−1.11)	(−0.78)	(−0.03)	(−0.09)	(−1.29)

变量	工业能源碳排放		产均工业能源碳排放		人均工业能源碳排放	
	（1）	（2）	（3）	（4）	（5）	（6）
	时段 I	时段 II	时段 I	时段 II	时段 I	时段 II
	FE_r	RE_r	FE_r	FE_r	FE_r	FE_r
L2.人均产值	0.179**	0.018	0.000**	−0.001	0.000*	0.000
	（2.130）	（0.430）	（2.230）	（−0.69）	（1.860）	（0.610）
L2.工业产值比重	−42.881*	−17.783***	−0.042	0.059	−0.024*	−0.002
	（−1.97）	（−3.77）	（−1.48）	（0.430）	（−1.81）	（−0.14）
L2.外商直接投资占比	1.584	−23.147	0.054	−0.099	0.010	0.008
	（0.040）	（−0.74）	（0.810）	（−0.31）	（0.570）	（0.170）
L2.城镇人口比重	−69.427*	−1.050	−0.021	−0.522#	−0.017	−0.111*
	（−1.75）	（−0.05）	（−0.53）	（−1.68）	（−1.12）	（−2.02）
L2.排污收费强度	−11.636*	6.033	−0.003	−0.167***	−0.007	−0.038***
	（−1.86）	（0.640）	（−0.23）	（−2.92）	（−1.32）	（−3.36）
L2."温控"考核政策	29.496	161.118	0.210*	0.000	−0.041	0.000
	（0.190）	（0.250）	（1.840）	（.）	（−0.75）	（.）
常数项	5 982.165***	0.000	1.211	41.808***	1.594*	7.194**
	（3.030）	（.）	（0.560）	（3.240）	（1.920）	（2.610）
样本量	180.000	60.000	180.000	60.000	180.000	60.000
R^2	0.757		0.654	0.659	0.706	0.627
调整后 R^2	0.734		0.620	0.542	0.677	0.500
豪斯曼检验	0.039	0.430	0.001	0.099	0.000	0.018

注：本表中，时段 I 指 2009—2014 年；时段 II 指 2015—2016 年。

尤为明显的是，对于产均工业能源碳排放而言，工业用地供应面积、协议面积比重的回归系数由正转为负。这可能说明，在环境管理责任强化和 GDP 考核权重弱化的情况下，协议引入质量更高的项目往往被看成地方政府的一种"新需要"；在节约集约用地要求、规模经济和集聚效应的共同作用下，工业用地供应面积越大越有可能利于降低碳排放强度。最新研究表明，区域碳排放强度的空间集聚性显著（苑韶峰等，2019），并趋于增强，同时存在"马太效应"（王少剑等，2019）。

土地供应在一定程度上强化或实现了这些特征。同时，排污收费强度的负向影响由不显著变为显著（1%显著水平），系数也明显增大，这意味着新时期环境保护背景有利于强化环境规制的减排效应。

较为特别的是，对于工业能源碳排放而言，价格偏离度的当期项、滞后一期项和滞后两期项的回归系数的方向，在两个阶段正好相反。这可能表明，一方面，价格偏离度存在周期性影响；另一方面，阶段政策对这种周期性影响有逆向调控的作用。若开始阶段的要求和价格均较低，项目准入的门槛较低，会使得项目增多、碳排放增加。当引入的项目增多，竞争趋于激烈，而短期内供应指标相对有限，地方政府就可能相应调整策略，适当调高价格，提高环境要求。地方政府这一行为在环境保护压力加大的背景下可能趋于强化。

3.5 本章小结

综上可知，在控制了经济水平、城镇化水平、环境规制与减排政策等主要因素的情况下，地方政府工业用地供应行为对工业能源碳排放具有显著影响，主要表现为"规模效应""方式效应"和"价格效应"。

其一，总体上，工业用地供应规模增加，引致工业规模扩大，带来工业能源碳排放显著增加；工业用地供应结构影响产均工业能源碳排放和人均工业能源碳排放，主要原因在于供应给了能源生产、重工业等碳排放强度较高的行业。供应规模还可能带来碳排放强度减少，这受到引入工业项目类型和环保发展阶段的影响。其二，总体上，协议出让方式正向影响能源碳排放，尤其影响 产均工业能源碳排放，主要原因是协议过程中更可能降低环境规制和环保支出强度，引入更高比例的高碳工业。协议面积比重对工业能源碳排放还具有门槛效应。其三，工业用地供应价格是地方政府引入工业项目的重要调控工具，通过价格信号的传导机制，以更低的价格出让引入更高比例的高碳工业，从而导致地区碳排放的显著增加。

第 4 章

地方政府土地管理行为对城镇
能源碳排放的影响

　　本章将从地方政府土地管理行为第二个作用路径（城镇人口密度）展开实证研究。首先，构建更加具体的分析框架，提出研究假说；其次，构建计量模型，并以 1998—2014 年全国省级样本数据展开实证分析；最后，进行实证结果分析。

4.1　分析框架与研究假说

4.1.1　分析框架

　　城市化[①]带来的土地利用变化及其化石燃料燃烧是引起全球气候变化和温室效应的主要原因之一，城市已然成为人类能源活动和碳排放的集中地，其温室气体排放占全球的 80%（赵荣钦等，2009；Dulal et al.，2013）。作为世界城镇化发展速度最快的地区之一，1978—2014 年，中国城镇常住人口从 1.7 亿人增加到 7.5 亿人，城镇化率从 17.9%上升至 54.8%（魏一鸣等，2017）。在传统发展模式下，城市碳排放不断增加。根据 2005 年和 2012 年中国 287 个地级城市的二氧化碳排放数据（蔡博峰等，2017；蔡博峰等，2018）可知，碳排放增长的城市数量占 90%，增长一倍的城市数量占 36%；在增长最快的城市中，既包括东部的城市，也包括中西部的城市。为了推动

---

① 本书认为，城市化与城镇化的本质是一致的，前者是后者的高级阶段。

城镇化转型发展，2014 年，中国出台了《国家新型城镇化规划（2014—2020 年）》，明确要求，转变传统城镇化发展模式，促进城镇集约化、低碳化发展。

自从 2003 年开始，土地政策就逐渐成为参与宏观调控的重要手段（丰雷等，2006；丰雷等，2009），使得土地成为城镇化发展的重要支撑要素。在中国传统土地制度和政策背景下，快速的土地非农化助推了快速城镇化，尤其表现在土地城镇化方面，其中地方政府的作用尤为重要。地方政府往往过度依赖土地出让收入和土地抵押融资推进城镇建设，导致土地城镇化快于人口城镇化，加剧了土地粗放利用，建成区人口密度不升反降。数据显示，2000—2011 年，全国城镇建成区面积增长 76%，高于城镇人口 51% 的增长速度；"十二五"期间，城镇建设用地增幅（约 20%）是同期城镇人口增幅（11%）的近两倍（中共中央和国务院，2014；国土资源部，2016）。对中国 636 个建制市的研究表明，2006—2014 年中国城市建设用地年均增长率是城镇常住人口年均增长率的 1.65 倍，土地城镇化远快于人口城镇化（吴一凡等，2018）。土地城镇化与人口城镇化速度偏差及其导致的城镇人口密度变化，对能耗具有显著影响（王桂新等，2012；王子敏等，2016）。

城镇人口密度，作为城镇用地强度的重要指标，是土地城镇化与人口城镇化相互作用的结果，显著影响城镇能源碳排放水平；地方政府土地管理行为是导致快速土地城镇化的重要驱动因素之一。那么，地方政府土地管理行为如何影响城镇人口密度？进而会交叉影响到城镇能源碳排放吗？若这些都能得以分析清楚，将有利于低碳土地管理政策的制定。由此，本研究构建了地方政府土地管理行为、城镇人口密度与城镇能源碳排放关系的分析框架，如图 4-1 所示。下面重点阐述地方政府土地管理行为对城镇人口密度的影响。

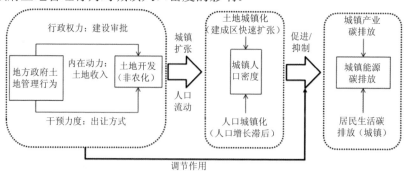

图 4-1　地方政府土地管理行为影响城镇能源碳排放的分析框架

4.1.1.1　地方政府土地管理行为对土地城镇化的影响

地方政府土地管理行为驱使土地快速非农化，尤其表现在土地城镇化方面。其一，土地相关的法律法规，尤其是节约集约、土地出让方面的政策法规不断完善，但最终的效果仍强烈依赖地方政府在土地审批、供应、收入等关键环节上的贯彻落实和土地执法的严格程度。其二，合理的土地利用规划是促进土地节约集约利用的重要保障，也是保障土地非农化合法的重要前提，然而，现实中土地利用规划的作用未能充分发挥。实证研究表明，2006—2012 年中国绝大多数城市建设用地的效率在下降，即使在经济发达地区效率也非常低；《全国土地利用总体规划（2006—2020）》并未有效促进城市建设用地效率的提高（Chen et al.，2016）。下文重点从两个制度背景和四个重要环节进行论述。

（1）制度背景。主要包括财政、土地制度。地方政府"经营土地"和"经营城市"的行为极大地充实了以预算外和非预算资金为主的"第二财政"，逐渐形成了土地、财政和金融"三位一体"的政府主导发展模式（袁超，2019）。城市化成为土地非农化的重要载体。一方面，分税制改革使得土地收入成为地方政府的重要且可支配的收入，为政府寻求土地财政提供了财政制度上的重要保障。在以GDP 增长为主要考核指标的政治锦标赛体制下，地方政府以经济增长为首要职能，甚或是唯一的职能（马万里，2015），往往选择"土地财政策略"（Wu et al.，2015）。财政治理作为国家治理的基础和核心，目前仍具"建设型偏向"（林致远，2018），而且"向发展式政府的转型"导致城市基础设施的快速扩张（张军等，2007）。

另一方面，传统的土地制度安排为地方政府实现土地财政提供了事权制度上的保障。地方政府拥有相当程度的土地资源配置的决策权、执行权和收益权，涉及土地征收、建设审批、出让等各个环节，在"经营城市"理念导向下的城镇化和工业化过程中表现尤为明显。另外，中央政府也陆续出台了土地节约集约利用、出让收支"两条线"、土地监察等方面的管理办法，进一步预防、规范和修正地方政府在非农化过程中出现的行为偏差。

（2）内在经济动力。地方政府既是"守夜人"也是"经济人"。一方面，需要有效推进地区的和谐发展，提供良好的公共服务，改善居民生活水平和环境；另一方面，需要经营城市土地，推动城市快速扩张，获取短期的土地收入和长期的土地增值收益及相关税收，进而获取更多的财力和更大的晋升资本。当土地非农化当期及前期带来的土地相关收入相对财政收入的比重越大，说明土地收入对地方建设所需财力的相对贡献就越大，从而地方政府有更大财力去加强土地开发和基础设施建设，容易形成"土地开发—财力增加—基础设施和土地开发—财力增加"的循环，推动城镇的快速扩张。对于城镇化发展初期和中期阶段的地区而言，这种现象往往更为明显。

（3）行政审批权力。根据《中华人民共和国土地管理法》可知，中国的建设用地审批包括土地征收审批和农用地转用审批两个方面，且均在用地申请阶段（高延利等，2016）。其中，土地征收包括农用地，也包括部分集体所有的建设用地；农用地转用不仅包括集体农用地，还包括部分国有农用地。这反映了中央政府与地方政府的土地行政审批分权。近年来，在新时代背景和最新的《中华人民共和国土地管理法》条件下，较大的简政放权政策力度一定程度上优化调整了地方政府的行政审批权[①]。

（4）土地供应[②]，尤其是土地出让，是促进城市扩张的重要环节。土地出让属于一级土地市场，主要由政府垄断（地方政府往往是实际的垄断者）。虽然有土地规划指标和年度供应计划指标的约束，但实际上地方政府往往为了土地收入及税收和政绩，突破新增建设用地指标（Wang，2014；Chen et al.，2015），因此，城市规模扩张与否首先取决于地方政府的出让规模。而土地出让有不同方式，出让方式的不同组合取决于出让土地的用途和市场环境，也可反映地方政府借助土地

---

① 经李克强总理签批，国务院于 2020 年 3 月印发《关于授权和委托用地审批权的决定》。该《决定》指出，为贯彻落实党的十九届四中全会和中央经济工作会议精神，根据《中华人民共和国土地管理法》相关规定，在严格保护耕地、节约集约用地的前提下，进一步深化"放管服"改革，改革土地管理制度，赋予省级人民政府更大的用地自主权；要求各省级人民政府确保相关用地审批"放得下、接得住、管得好"；不得将承接的用地审批权进一步授权或委托。有报道认为，通过下放用地审批权，中央政府可以从具体用地审查等微观事务中解脱出来，将更多精力放在宏观政策的制定和事中事后的监管上，同时赋予省级人民政府更大的用地自主权，提升用地保障能力；下放用地审批权，只是提高了用地审批的效率，压缩了原有审批的时间，并没有降低用地审批的标准，绝不意味着城市可以"摊大饼"扩张了（郄建荣，2020）。此政策对省级建设用地审批将产生直接的影响，具体影响还需进一步观察。

② 土地供应市场，不仅包括土地出让一级土地市场，还包括土地租赁、抵押等二级土地市场。由于二级土地市场绝大部分是针对存量建设用地，交易的规模相对较小，而且价格相对一级市场更高，对城镇扩张的影响较小。不过，随着土地市场化改革的深化和《节约集约利用土地规定》（国土资源部〔2014〕61 号令）的贯彻落实，城乡存量建设用地开发、宅基地和农村集体经营性建设用地流转，在缓解城市建设用地供需矛盾方面将发挥越来越大的作用。这部分有待今后进一步探究。

出让市场的力度①。

随着市场化推进和中央关于土地出让的管制、改革，地方政府不仅可通过协议等方式出让土地，还可通过招拍挂等市场手段实现土地出让。招拍挂方式出让土地更加公开透明，且受到市场的影响较大；土地市场化水平越高，越有利于抑制地方政府和需求者的违法用地（Chen et al.，2015），因此，在某种程度上，土地出让方式中招拍挂面积比重反映了中央政策要求背景下地方政府与市场的"分权"②或"放权"程度。

（5）以上经济动力、审批权力、土地供应三个方面需要在合法的前提下施行，但实际需要考虑地方政府的守法与执法的情况。地方政府的守法程度与执法力度可能存在一定的相关性，但不一定必然是单调正相关关系。由于地方政府的守法程度很难直接有效观察到，因此可以从违法的角度侧面反映，如用地方政府违法批地来间接反映土地违法的程度，但遗憾的是，由于其数据的"敏感性"，统计年鉴中的数据与实际情况或调查数据（周祺瑾，2011）偏差非常大③。而地方政府的执法程度，可以用历年隐漏土地案件涉及的违法用地面积比重来侧面反映（梁若

---

① 一般来说，地方政府对土地出让市场的干预，涉及土地出让的规模、布局、用途、方式、价格等众多方面。（1）对于城镇扩张而言，土地出让的规模和布局尤为重要。一方面，土地出让方式较为多样，往往存在"人地错配"的现象；另一方面，对于省级尺度，土地出让的布局信息很难被考察和量化。因此，难以用土地出让规模和布局有效反映地方政府调控土地出让市场的力度。（2）土地出让方式与土地出让价格紧密相关，且土地出让方式和土地出让价格都取决于出让土地的用途，土地出让方式的组合（或结构）反映了一定价格水平和用途的土地出让。同时，"名义价格"和"泡沫价格"现象普遍存在，协议价格和市场价格对应的"权重"无法确定。因此，用土地出让价格也难以客观反映地方政府调控土地出让市场的力度。（3）招拍挂出让的土地主要用于城镇建设，对城镇扩张具有直接影响。同时，协议出让受到地方政府的绝对控制，因此，招拍挂出让面积的相对比重，可以较好地反映出地方政府借助土地出让市场的力度。其比重越高，表明地方政府借助土地出让市场的力度就越强。
② 关于政府与市场的关系，有研究从政府与企业的关系角度进行了分析，如卢现祥等（2011）根据市场化指数报告中"减少政府对企业的干预"（即企业管理者与政府官员打交道的时间占其工作时间比重）来表征政府的职能错位情况。
③ 这是基于以下两点得到的初步判断：其一，国土统计年鉴上各省区市的违法用地面积中违法批地等数据非常少，与督察结果数据和基层调研中观察到的现象不尽一致。根据国家 2010 年土地例行督察结果可知，77 个地级以上城市政府违反土地供应政策出让土地情况比较突出，其中 59 个城市 2081 个项目存在地方政府违规出让土地问题，涉及面积 10.31 万亩（周祺瑾，2011）。而《中国国土资源统计年鉴》（2011 年）中 2010 年各省区市的违法批地等地方政府违法面积仅为 7 344.30 亩，两者相差近 10 倍。其二，地方政府往往有隐瞒或漏报自身土地违法的情况，统计年鉴中的历年隐漏案件就是一种佐证。而且，非法批地的"重灾区"是公路、铁路等重点工程，既有省级重点工程，也有国家重点工程（周祺瑾，2011），因此，也难以剥离出省级违法的部分。

冰，2010）。由于立案需要动用一定的人力、财力等公共资源，查处历年隐漏案件是地方政府"动真格"的行为，其数据也就较好地反映了其遵守土地相关法规的程度，以及土地执法的严格程度。土地执法越严格，越有利于地方土地行为（包括地方政府自身的土地利用行为）按照中央要求节约集约利用土地，推进城镇集约化、低碳化发展。

4.1.1.2　地方政府土地管理行为对人口城镇化的影响

地方政府土地管理行为不仅对建成区扩张具有显著的直接影响，还对城镇人口产生间接影响。现有文献主要集中在土地供应（包括存量、流量，以及相对结构）对人口流动（或城镇化）影响的研究方面，多以城市尺度进行实证分析。其结果表明，地方政府土地管理行为对人口流动（或城镇化）存在显著影响，同时，由于指标选取、数据来源、研究方法、研究尺度等不同，结论并非完全一致，甚至相差较大。

范剑勇等（2015）研究认为，新增常住人口居住在以工业用地为主的非普通商品房的模式是中国城镇化的特色之一，其主要作用机制是工业用地扩展带动城市常住人口和房价的上升。而陈治国等（2015）研究认为，城市非住房部门获取更多土地配给时，房价上升，但人口规模下降。彭山桂等（2017）进一步研究认为，在非正规居住模式（"城市中较大比例的流入人口居住于工业用地的模式"）下，工业用地相对增加（工业用地/住宅用地和商服用地面积之和），城市人口流入增加，反之会减缓城市人口的流入；而在正规居住模式（"城市中较大比例的流入人口居住于住宅用地的模式"）下，工业用地相对增加与城市人口流动呈现倒 U 型关系，即在拐点值之前，增加工业用地（或减少住宅及商服用地）有助于人口流入；在拐点值之后，增加住宅及商服用地或减少工业用地，有助于人口流入。分别根据广东和山东两个省设区市的面板数据进行实证分析，结果验证了以上观点。

文乐等（2017）从住房和就业两个方面来考虑人口城镇化，并以土地出让面积作为房价的工具变量，以 1999—2014 年 31 个省区市的数据为例，实证结果表明，土地供给减少导致房价上涨，进而推升人口半城镇化率 [（城镇常住人口–城镇户籍人口）/城乡常住人口]，抑制了农村转移人口市民化；2003 年后土地供给政策收紧且向中西部地区偏移是导致东部房价上涨，进而推升人口半城镇化率的重要根源。朱道林等（2013）的研究则表明，全国层面上，土地供应和住宅供给大于住房消费需求；对 91 个城市的研究表明，79%的城市住宅用地供应大于住房消费需求；地价、房价上涨原因并非土地供应短缺，住房投资需求旺盛才是高房价、高地价的主因。雷雨亮等（2020）测算了 2009—2017 年湖南省 14 个市州住宅用地供应与人口变化的时空协调性，结果表明 11 个市州住宅用地供应大于人口增速。

另外，通过工业用地供应行为引致的污染（卢建新等，2017；张鸣，2017）还可能对流动人口就业选址产生影响。孙伟增等（2019）的研究表明，城市 $PM_{2.5}$ 浓度上升导致流动人口到该城市就业的概率显著下降。

综上，现有文献结果表明，地方政府土地管理行为加速了城市扩张，对城镇人口具有影响，而且往往导致人口城镇化滞后于土地城镇化。基于现有研究文献，本研究重点基于省级尺度，从审批、供应和收入三个角度，探究地方政府土地管理行为对城镇人口密度的影响，即对城镇人口和建成区面积相对关系的影响。

4.1.2　研究假说

4.1.2.1　建设用地审批、土地出让方式、土地收入依赖对城镇人口密度的影响

在以土地非农化为特点的城镇扩张中，地方政府不仅是国家权力和利益的代理者、当地利益的保证者，更是具有独立利益的"理性人"（李丹，2013）。地方政府土地管理行为促使建成区不断扩张，对人口城镇化的影响有：一方面，土地非农化带来一定量的失地农民，也引来了大量的非农产业项目（尤其是低价出让工业用地引入大量的工业项目），增加了非农就业机会，促使乡村人口、外地人口向本地的非农产业、园区和城镇集中；另一方面，高价供应商住用地催生了高房价，对劳动力流入产生抑制作用，同时，土地财政对人口城镇化的支持效应，随着土地财政规模的扩大而逐渐减小（李勇辉等，2017）。总体上，地方政府土地管理行为对土地城镇化的正向影响大于对人口城镇化的正向影响，使得城镇人口密度趋于下降。

（1）建设用地审批。建设用地审批中，审批占用耕地的规模对建设占用耕地的影响具有滞后性，且建设用地审批权限的上收会减缓建设占用耕地（陈宇琼等，2016），进而影响城市扩张的速度。在发展阶段和户籍政策的同等条件下，地方政

府拥有的建设用地审批权限越大，将越有利于其按照生产性投资偏好加剧土地非农化，促使建成区面积快速扩张，而非生产性的公共产品投资受到挤压，很可能导致人口聚集速度相对滞后。

（2）土地出让方式。1978 年以来所实施的以"有偿、可转让、有限期使用"为主要特征的城市土地制度变革，将市场机制引入土地资源配置（郭志勇等，2013）。在发展阶段和户籍政策的同等条件下，地方政府通过招拍挂等市场化方式引入相对优质的项目[①]，获取更大的土地收益和长期的税收，为城镇基础建设和建成区扩张积累更多财力；其土地收益和财力的实现程度反过来又导致地方政府土地出让方式的调整[②]。当招拍挂方式成为地方政府获取更高土地收益的手段时，地方政府会偏向提高其招拍挂出让面积的比重，可能会加剧城镇快速扩张；而通过招拍挂方式供应的土地价格相对较高，传导到住房等物价上，进而增加居住和落户的成本，往往限制了人口的流入，这样就可能促使城镇人口密度下降。

（3）土地收入依赖。传统的城市土地制度为"土地财政"提供了土壤，进而导致城市化虚高和产业结构虚高（郭志勇等，2013）。地方政府对土地财政形成的"路径依赖"显著推动了我国城市建成区面积和城市空间的扩张，成为我国"土地城市化"的主要推动力之一（叶林等，2016），而且不同的土地财政收入类型具有不同的作用，其中，土地出让金显著促进了城市扩张，而土地税抑制作用未发挥（刘琼等，2014）。在发展阶段和户籍政策的同等条件下，地方政府获得土地收入相对财政收入的比重越高，表明地方政府对土地收入越依赖，从而加剧土地非农化，促使城镇空间快速扩张，导致城镇人口密度下降。

由此提出假说：在控制了户籍人口城镇化、经济发展水平等因素影响的情况下，地方政府建设用地审批权限越大，招拍挂面积比重越大，土地收入依赖越强，城镇人口密度可能越低。

---

① 短期内，往往存在地区间"底部竞争"：降低土地价格和环境规制，扩大协议比重，引入更多低质的，且占地大、高耗能的项目，短期内促进土地收入总量的增加，其主要目的是后期的税收（属于地方的部分）。而这只是地方政府土地策略的一方面，另外还通过高价供应商住用地来获取"补偿"，而这些用地供应均采用市场化方式，且获取的收益主要由地方政府控制。

② 这可能存在内生性问题，不过可以采用动态面板回归方法在一定程度上克服此问题。

4.1.2.2　城镇人口密度对城镇人均能源碳排放的影响

一方面，研究者多有讨论人口密度与人均能耗的关系，并实证表明，城镇人口密度的提高，使得城市要素集聚，有利于降低人均交通能耗、人均生活用电、人均家庭能耗，促进城镇节能减排（程开明，2011；范进，2011）。王子敏等（2016）进一步从土地城市化、人口城市化及其速度偏差角度，探讨了其能耗效应；基于2000—2012 年省级面板数据的实证表明，土地城市化快于人口城市化助推了碳排放，成为中国城市化进程中能耗增长的主导力量，另一方面，虽然城市节约集约用地政策有利于提高土地容积率和城市的紧凑度，但随之可能带来较高的人口和建筑密度，往往容易导致公共设施不足和超负荷使用、单位面积汽车使用率的增加、交通拥堵的加剧等，从而导致能源消耗及碳排放增加（程开明，2011；谭荣等，2014）。

由此提出假说：在控制了常住人口城镇化、经济发展水平等因素影响的情况下，在城镇人口密度较低的阶段，城镇人口密度对城镇人均能源消费碳排放具有抑制作用，即工业产值比重相对稳定，随着城镇人口的增加，规模经济效应发挥主导作用，使得城镇人均能源消费碳排放逐渐下降；当城镇人口密度超过一定程度，其对城镇人均能源消费碳排放促进作用占主导，即随着城镇居民消费能力不断上升，建筑密度不断提高，城镇交通拥堵问题加剧，城市空间利用效率受到限制，城镇人口密度对碳排放的增长作用大于因城镇人口聚集带来的节能减碳效应。

4.1.2.3　建设用地审批、土地出让方式与土地收入依赖对城镇能源碳排放的影响

土地非农化是土地利用变化的重要方面，不仅具有区域碳汇效应，更具有递增的区域碳源效应（许恒周等，2013；赵荣钦等，2014；蒋冬梅等，2015），因此，基于低碳视角的土地利用调控研究逐渐被关注。其一，土地调控政策与体系。诸逸飞等（2010）较早提出土地政策参与低碳经济发展的设想，认为宏观调控土地供应是土地政策参与低碳经济的最主要的内容，主要涉及供应规模、价格、方式和结构等方面。瞿理铜（2012）进一步系统提出了低碳经济视角下的土地利用调控的基本思路。赵荣钦等（2014）从理论上构建了区域系统碳循环的土地调控政策框架和实施策略，涉及低碳土地利用技术、规划、模式和政策等方面。其二，土地利用规划。王佳丽等（2010）采用数据包络法评价了江苏省及其地级市的规划土地利用结构的相对碳效率。陈晓玲等（2015）采用情景分析法考察了土地利

用总体规划的碳效应。张姗姗等（2011）认为，可从土地利用战略研究、结构调整、布局优化及环境影响评价等方面，将碳排放量放入土地利用规划体系之中。其三，土地财政依赖。王桂新等（2012）基于 227 个地级城市数据的研究表明，城镇土地财政依赖和城镇户籍限制综合导致城镇人口密度和城镇空间效率显著下降，进而助推了城市能源碳排放。

由此提出假说：在控制了常住人口城镇化、经济发展水平等因素影响的情况下，城镇人均能源消费碳排放受到地方政府建设用地审批、土地出让方式和土地收入依赖调节作用的影响。

4.2　研究方法与数据来源

4.2.1　模型构建与变量选择

4.2.1.1　地方政府土地管理行为对城镇人口密度影响模型

基于分析框架可初步判断：地方政府土地管理行为（主要包括三个方面：建设用地行政审批、土地出让方式、土地财政依赖），推动了城市规模的扩张，使得土地城镇化速度快于人口城镇化，导致城镇人口密度的下降。

$$\text{LU\_urbanpopdensity}_{i,T} = \alpha_0 + \sum_{j=1}^{3} \beta LG_{i,j,T-2} + \chi Z_{1i,T-2} + \gamma DUM_{i,T} + \alpha_i + \lambda_T + \varepsilon_{i,T} \tag{4-1}$$

$$\text{LU\_urbanpopdensity}_{i,T} = \alpha_0 + \text{LU\_urbanpopdensity}_{i,T-1} + \sum_{j=1}^{3} \beta_j LG_{i,j,T-2}$$

$$+ \chi Z_{1i,T-2} + \gamma DUM_{i,T-2} + \alpha_i + \lambda_T + \varepsilon_{i,T} \tag{4-2}$$

式（4-1）为静态面板回归模型，式（4-2）为动态面板回归模型。

（1）$\text{LU\_urbanpopdensity}_{i,T}$ 和 $\text{LU\_urbanpopdensity}_{i,T-1}$ 表示 i 地区 T 年和 $T-1$ 年的城镇人口密度。这一指标反映城镇范围内经济活动人口与城市土地的空间配置情况，也反映了人口城镇化率与土地城镇化率增长速度的偏差程度。从城市尺度研究，城镇人口密度可以用"市辖区人口/市辖区面积"求得（程开明，2011）。本书借鉴其思路，考察了省级尺度的城镇人口密度，计算公式为"省域城镇人口/建成区面积"。其中，城镇人口为城镇常住人口，这往往比户籍人口更多，更能反映实际的经济活动人口。土地面积数据为建成区面积①。

（2）$LG_{i,j,T-2}$ 表示 i 地区 $T-2$ 年的地方政府土地管理行为变量，主要包括省级审批建设用地面积比重、土地出让中招拍挂面积比重、土地收入占财政决算收入比重。特别要说明的是，审批和出让的建设用地一般在两年后基本建成，而土地收入是城市土地开发的结果，为地方政府后期在城市基础设施建设方面提供重要的财力支撑，因此，本书借鉴杨其静等（2014）的处理方法，采取滞后两期的办法，既考虑到现实的滞后影响，也尽可能地规避内生性问题。

①省级审批建设用地面积比重（LG2）。LG2 用农用地转用审批中②省（自治区、直辖市）人民政府批准的面积占农用地转用审批总面积的比重来表征。这反映了省级地方政府与中央政府在建设用地审批上的分权程度。

②土地出让中招拍挂面积比重（LG3_market）。一级土地市场实际是由地方政府垄断，因此土地出让的方式很大程度上反映了地方政府与市场的关系。用招拍挂面积占土地出让总面积的比重作为地方政府对土地出让市场干预力度的替代变量。

③与土地相关的收入占财政决算收入的比重（LG4_landfin）。用土地出让金和五种相关的土地税费之和与财政决算收入的比重，反映地方政府对土地收入的依赖程度。

---

① 选取建成区面积的原因：其一，对于城镇人口对应的空间范围包括地级市行政区域、建成区、市辖区、城区，以及城市建设用地范围。其中，行政区域、市辖区包括了部分的乡村地区，范围太大。其二，城市建设用地面积指城市用地中除水域与其他用地之外的各项用地面积，即居住用地、公共管理与公共服务用地、商业服务业设施用地、工业用地、物流仓储用地、道路交通设施用地、公共设施用地、绿地与广场用地八大类。其三，建成区面积，指实际已成片开发建设、市政公用设施和公共设施基本具备的区域（国家统计局城市社会经济调查司、陈小龙等，2015），也是城镇常住人口的生产、生活范围（包括划入建成区的近郊乡村地区，这些往往是部分打工人员租房居住区），与城镇人口具有较好的对应关系。其四，《中国城市统计年鉴》中有城市建设用地面积数据，但仅 2003—2008 年，各省区市的平均值为 910.28 km²（最小值 21 km²，最大值 4 603 km²），明显小于对应建成区的平均值 1 099.93 km²（最小值 60.8 km²，最大值 4 132.63 km²）。

② 2020 年 1 月 1 日实施的《中华人民共和国土地管理法》规定，"建设占用土地，涉及农用地转为建设用地的，应当办理农用地转用审批手续。永久基本农田转为建设用地的，由国务院批准。在土地利用总体规划确定的城市和村庄、集镇建设用地规模范围内，为实施该规划而将永久基本农田以外的农用地转为建设用地的，按土地利用年度计划分批次按照国务院规定由原批准土地利用总体规划的机关或者其授权的机关批准。在已批准的农用地转用范围内，具体建设项目用地可以由市、县人民政府批准。在土地利用总体规划确定的城市和村庄、集镇建设用地规模范围外，将永久基本农田以外的农用地转为建设用地的，由国务院或者国务院授权的省、自治区、直辖市人民政府批准"。

需要指出的是，与土地相关的收入不仅包括土地出让金和五种相关税费，还包括以土地租赁、土地抵押等方式获取的收入。本书主要考虑土地相关收入与土地开发的紧密相关性，用土地相关收入与财政收入的相对大小来刻画地方政府推动土地开发的经济动力。因此，本书用土地出让金和五种相关税费之和作为土地收入的替代指标值，具体解释如下：

其一，土地出让金：绝大部分来自土地非农化带来的新增建设用地供应量，而且占土地收入的绝大部分。其二，土地税费（房产税、城镇土地使用税、土地增值税、耕地占用税、契税）：尽管占土地收入比重较小，但多数是土地非农化本身直接带来的，仅少数税费是土地非农化间接引致的，如房产税和契税。其三，地方政府因土地抵押获得的资金非常大，常被划入"土地财政"重要部分（李尚蒲等，2010），但其属于融资范畴，暂不考虑进来。其四，土地租赁和转让：其收入占土地收入比重很小，几乎都是来自存量建设用地，与土地非农化直接关系不够紧密，故暂不考虑。

（3）$Z_{li,T-2}$ 表示控制变量，包括户籍政策、财政分权和发展阶段变量。

①户籍政策，用非农人口比重（PU_nonagr）作为替代变量，即"非农业人口/总人口"[①]。传统的户籍制度是制约城镇就业、人口流动和城市空间利用效率的重要因素（蔡昉等，2001；蔡昉等，2003；王桂新等，2012），往往会产生非农人口比重越高，有吸引力的地区城镇户籍越严格的"政策悖论"（王美艳等，2008）；而且非农业人口比重的增加使得地方政府支出更偏向于基本建设（黄国平，2013），很可能引致城镇人口密度的下降。采用滞后两期项，可规避可能存在的内生性。

②财政分权，用财政自给率（FIN_bugetself）反映，即"地方政府一般预算收入/地方政府一般预算支出"。财政分权包括"支出分权""收入分权"和"财政

[①] 杨风（2015）研究认为，城镇人口比重测度法是把某一区域城镇人口占总人口的比重作为人口城镇化水平的主要指标；用这一方法得出的人口城镇化率大致等同于国内的常住人口城镇化率。非农业人口测度法是把非农业人口占某一区域总人口的比重作为人口城镇化率的主要指标；用这一方法测度的人口城镇化率大致等同于国内的户籍人口城镇化率。戚伟等（2017）则采用"本地户籍城镇人口与常住总人口的比值"来计算户籍人口城镇化率。从户籍政策的演变和研究文献来看，户籍人口城镇化成为各界关注的热点，"户籍人口城镇化"的说法，在短期内仍是可以普遍使用的词语；同时，户籍人口城镇化估算方法与真实状况也存在差异。用"非农业人口占某一区域总人口的比重"估算户籍人口城镇化率的方法较为普遍，但随着户籍制度的改革，其方法的适用面临挑战（杨风，2015）。在1998—2014年的考察期间内，户籍制度总体基本一致，故认为此方法仍适用。

自主度"三类指标，其中仅"财政自主度"对经济增长和公共品供给具有一致的正向影响（陈硕等，2012）。用地方政府预算内收入与预算内支出之比可以较好地反映财政自由度（陈硕，2010；左翔等，2013）；其比重越高，表明对上级转移支付的依赖程度越低，本级财政支出主要来自本级的财政收入。地方政府按照"生产性投资"偏好来安排财政支出的自由度也将更大些。因此，财政自给率越高，很可能使得城镇扩张速度快于人口集聚速度，导致城镇人口密度偏低。考虑到预算财政自给率对次年的直接影响最大，故采用滞后一期项。

③发展阶段变量。人均产值（gdp_percap98ma）反映地区经济发展的总体水平，剔除了不同时期价格波动的影响。工业产值比重（gdp_indper），即工业产值占地区生产总值的比重，反映工业化发展阶段。工业化往往伴随着城镇化，对城镇土地扩张、工业及相关产业就业人口的增加均有重要影响。外商直接投资占比（FDI_gdpper）反映了对外开放水平和地区之间的竞争程度，FDI 有利于为地区带来更多的资本和先进的技术等稀缺资源（王文剑等，2007），从而吸引高技术产业和人才。

（4）$DUM_{i,T}$ 表示 i 地区 T 年的虚拟变量，主要包括政策年份虚拟变量、地区虚拟变量。其中，政策年份虚拟变量设定的起始年份以政策开始实施的年份为准。

①DUM 2003，即土地政策参与宏观调控起始年份的虚拟变量。2003 年，中央政府明确提出"严把土地、信贷两个闸门"，尝试把土地政策作为宏观调控的主要工具，相继出台了多项土地政策，在"保持经济增长"和"熨平短期波动"方面产生了显著影响（丰雷等，2006；丰雷等，2009）。作为 2003 年政策的重要延续，次年中央出台了《国务院关于深化改革严格土地管理的决定》（国发〔2004〕28 号），要求按照控制总量、合理布局、节约用地等原则加强村镇建设用地的管理。

②DUM 2007，即土地出让管理政策年份虚拟变量。2006 年，两个重要文件出台，即《国务院关于加强土地调控有关问题的通知》（国发〔2006〕31 号）、《国务院办公厅关于规范国有土地使用权出让收支管理的通知》（国办发〔2006〕100 号），后又印发了《财政部、国土资源部、中国人民银行关于印发〈国有土地使用权出让收支管理办法〉的通知》（财综〔2006〕68 号），明确提出要严把土地"闸门"，规范土地出让管理，加强节约集约用地，促进经济社会可持续发展。这两个

文件开始实施时间均为 2007 年 1 月 1 日。

③DUM2014，即土地节约集约管理政策的年份虚拟变量。其一，《节约集约利用土地规定》（国土资源部〔2014〕61 号令）于 2014 年 9 月 1 日实施，是我国首部专门就土地节约集约利用进行规范和引导的部门规章，明确要求，落实最严格的节约集约用地制度，提升土地资源对经济社会发展的承载能力，促进生态文明建设。

其二，《国家新型城镇化规划（2014—2020 年）》明确要求，城镇化要以人为本，促进人口城镇化与土地城镇化的协调发展；把生态文明理念全面融入城镇化进程，着力推进绿色发展、循环发展、低碳发展，节约集约利用土地、水、能源等资源，推动形成绿色低碳的生产生活方式和城市建设运营模式。

④地区虚拟变量。按照东部、中部、西部三个地区分区是普遍采用的区位划分方法，较好地反映了区域的资源禀赋、发展阶段等综合特征。东部虚拟变量赋值：东部取值 1，否则取值 0；西部虚拟变量赋值方法同样。

4.2.1.2　城镇人口密度对城镇能源碳排放影响模型

为定量探析城镇人口密度对城镇能源碳排放的影响，构建基本模型如下：

$$C_{i,T} = \alpha_0 + \beta_1 \text{LU\_urbanpopdensity}_{i,T} + \beta_2 \text{LU\_urbanpopdensity}_{i,T}{}^2$$

$$+ \chi Z_{2i,T-2} + \gamma DUM_{i,T-2} + \alpha_i + \lambda_T + \varepsilon_{i,T} \qquad （4\text{-}3）$$

$$C_{i,T} = \alpha_0 + \alpha_1 C_{i,T-1} + \beta_1 \text{LU\_urbanpopdensity} + \beta_2 \text{LU\_urbanpopdensity}_{i,T}{}^2$$

$$+ \chi Z_{2i,T-2} + \gamma DUM_{i,T-2} + \alpha_i + \lambda_T + \varepsilon_{i,T} \qquad （4\text{-}4）$$

（1）$C_{i,T}$ 和 $C_{i,T-1}$ 分别表示 i 地区 T 年和第 $T{-}1$ 年的城镇人均能源消费碳排放。关于碳排放指标的选取，现有研究主要涉及碳排放总量、人均能源消费碳排放和产均能源消费碳排放指标。由于缺乏城镇产值的统计数据[①]，本书借鉴 Zhang 等（2017）、卢现祥等（2011）等前人的研究，主要选用城镇人均能源消费碳排放为被

[①] 尽管产均碳排放作为碳排放强度的主要指标，是国家调控碳排放的主要指标，但本书暂时不考虑产均城镇能源碳排放，理由主要有：（1）现有"中国城市统计年鉴"或"中国城市建设统计年鉴"中，可以获取各个地级市产值数据，但是难以进一步细分出市辖区或建成区的产值。而 1999—2015 年的全国 280 多个地级市，2000 多个县级单位的统计年鉴资料参差不齐，而且获取难度极大。（2）根据人口、建筑的数据获取的 GDP 空间化数据，可以获取具体城镇范围内的数据，不过只有 5 年间隔的少量年份数据可以获取，样本量有限。

解释变量。

需要说明的是，城镇人均能源消费碳排放量反映了城镇人口"暴露"在碳排放中的程度，若人均值越大，意味着既定范围内每个人"暴露"在碳排放中的强度越大，受到碳排放的影响也越大。研究表明，二氧化碳排放与二氧化硫、$PM_{2.5}$、PM_{10} 等排放物具有"同源性"（蔡博峰，2012；刘晓曼等，2017），对人体健康具有负面影响（Davis，1997），因此这一指标与"以人为本"的新型城镇化的要义更为贴切。

另外，还需指出，本书采用的碳排放量数值是根据能源碳排放消费量和对应的碳排放系数估算得到的。而地区的真实碳排放量，还需要扣减因二氧化硫、氮氧化物等污染物减排措施而协同减少的二氧化碳量（毛显强等，2012），以及二氧化碳排放捕获与封存量（王建秀等，2012）。不过，这部分减排量相对较小，因此，测算碳排放量与真实的碳排放量差异不大，总体的变化趋势基本一致，城镇人口在碳排放中的"暴露"情况被认为是基本一致的。

（2）LU_urbanpopdensity$_{i,T}$ 和 LU_urbanpopdensity$_{i,T-1}$ 表示 i 地区 T 年和 $T-1$ 年的城镇人口密度，解释同式（4-1）。为了考察城镇人口密度与城镇人均能源消费碳排放之间可能存在 U 型关系，引入了平方项。

（3）$Z_{2i,T-2}$ 表示控制变量，包括环境分权、发展阶段和能耗水平。

①环境分权（ED_persongdp）。用环保管理分权来表征。根据环境机构人员在不同层级的配置情况可构建多个分权指标，包括环境行政分权（环保行政人员相对比重）、环境监测分权（环保监测人员相对比重）、环境监察分权（环保监察人员相对比重）以及综合的环境分权（包括环保行政人员、环保监测人员和环保监察人员的环保系统人员相对比重）（祁毓等，2014；陆远权等，2016；彭星，2016）。为了检验环境分权对碳排放综合影响，本书借鉴张华等（2017）的方法，选取综合的环境分权指标[1]，即"[（省区市环保系统人数/省区市总人口）/（全国环保系统人数/全国总人数）] × [1 −（省区市 GDP/全国 GDP）]"；其中，通过引入经济规模缩减因子，剥离经济规模对环境分权程度的影响。

---

[1] 张华等（2017）基于中国 2000—2013 年 30 个省区市（西藏除外）的面板数据，通过构建联立方程模型考察碳排放与环境分权之间互为因果的内生性问题，结果表明，环境分权显著正向影响碳排放，但碳排放对环境分权的正向影响并不显著，即表明碳排放与环境分权的联立性偏误问题可以忽略。

②发展阶段变量。人均产值（gdp_percap98ma）、工业产值比重（gdp_indper）和外商直接投资占比（FDI_gdpper）与式（4-1）解释一样。另外考虑到城镇化对碳排放水平的影响存在倒 U 型关系，因此引入城镇化水平（PU_urban），用"城镇人口/总人口"来计算。模型中引入一次项和平方项。

③能耗水平（EN_totalpergdp）。用"单位产值能耗"来反映能耗水平，也侧面反映了能效水平或技术水平（许恒周等，2013）。其主要原因包括：其一，在既定条件下，节能减排技术水平越高，其能耗水平越低，能效水平往往越高。其二，产业能源消费结构很大程度上取决于产业结构，尤其是高耗能产业的比重。在既定条件下，高耗能产业比重越高，能耗水平也越高，能效水平很可能越低。同时，为了规避可能存在的内生性问题，并且考虑到省级尺度的能效水平在两年内基本稳定，且前一期对后一期具有滞后影响，故选用其滞后一期项。

④环境上访（ENV_visbat）。环境上访作为社会民众对环保的监督和参与的一种特殊形式，其批次越多，说明社会民众关注和参与的强度越大。因此，采用环境上访批次来衡量。为了规避可能的内生性，并考虑到环境上访可能存在一定的滞后效应，故选用其滞后一期项。

（4）$DUM_{i,T}$ 表示 i 地区 T 年的虚拟变量，主要包括政策年份虚拟变量、地区虚拟变量。

①节能减排目标考核政策年份虚拟变量（节能减排考核政策）（dum_polenvass2007）[①]。2007 年，《节能目标责任评价考核实施方案》《主要污染物排放总量考

---

① 能源排放控制标准是影响各地区碳排放的一种重要变量，国家也出台了关于节能减排的专门文件，列出了部分时段各省区市能耗相关的控制指标。例如，《国务院关于印发节能减排综合性工作方案的通知》（国发〔2007〕15 号）指出，"到2010 年，万元国内生产总值能耗由 2005 年的 1.22 吨标准煤下降到 1 吨标准煤以下，降低 20%左右"，但没有列出各省区市的目标。《国务院关于印发"十二五"节能减排综合性工作方案的通知》（国发〔2011〕26 号）指出，"到 2015 年，全国万元国内生产总值能耗下降到 0.869 吨标准煤（按 2005 年价格计算），比 2010 年的 1.034 吨标准煤下降 16%，比 2005 年的 1.276 吨标准煤下降 32%"，并进一步列出了 2010—2015 年各省区市能耗强度下降率目标。《国务院关于印发"十三五"节能减排综合工作方案的通知》（国发〔2016〕74 号）指出，"到 2020 年，全国万元国内生产总值能耗比 2015 年下降 15%，能源消费总量控制在 50 亿吨标准煤以内"，并进一步列出了 2016—2020 各省区市能耗总量和强度"双控"目标。但由于考察期范围内，各省区市的节能减排目标相关数据并未完全公开，故难以全面获取对应的数据。同时，各省区市的能源控制目标实际上是基于全国减排的总目标，并结合各省区市的能耗现状确定的。可见，能耗控制目标与实际能耗水平具有非常强的相关性，也就是说，控制目标可能具有很强的内生性。因此，在实证中没有选用能耗控制目标指标。

核办法》将考核结果作为对地方各级政府领导干部政绩考核的重要依据。"完成或完不成节能减排目标都将作为政府和领导班子政绩考核的重要内容，实行严格的问责制和'一票否决制'"。2007 年及以后赋值 1，其他为 0。

②温室气体排放控制目标考核政策年份虚拟变量（"温控"考核政策）（dum_polredass2011）。为了落实"40/45"的碳排放强度下降目标，2011 年，国务院印发了《关于印发"十二五"控制温室气体排放工作方案的通知》（国发〔2011〕41 号），并明确要求，"将二氧化碳排放强度下降指标完成情况纳入各地区（行业）经济社会发展综合评价体系和干部政绩考核体系"，"各省级人民政府和相关部门要对本地区、本部门控制温室气体排放工作负总责"。2011 年及以后赋值 1，其他为 0。

③地区虚拟变量。与式（4-1）一致。

4.2.1.3　地方政府土地管理行为与城镇人口密度的交叉影响模型

城镇人口密度对城镇能源消费碳排放的作用，可能受到地方政府土地管理行为的影响，因此引入地方政府土地管理行为与城镇人口密度的交乘项，以考察其交叉影响。

$$C_{i,T} = \alpha_0 + \beta_1 LU\_urbanpopdensity + \beta_2 LU\_urbanpopdensity_{i,T}^2$$

$$+\beta_3 LG2_{i,T-2} \times LU\_urbanpopdensity_{i,T} + \beta_4 LG3\_market_{i,T-2} \times LU\_urbanpopdensity_{i,T}$$

$$+\beta_5 LG4\_landfin_{i,T-2} \times LU\_urbanpopdensity_{i,T} + \beta_6 PU\_nonagr_{i,T-2} \times LU\_urbanpopdensity_{i,T}$$

$$+\chi Z_{2i,T-2} + \gamma DUM_{i,T-2} + \alpha_i + \lambda_T + \varepsilon_{i,T} \tag{4-5}$$

$$C_{i,T} = \alpha_0 + \alpha_1 C_{i,T-1} + \beta_1 LU\_urbanpopdensity + \beta_2 LU\_urbanpopdensity_{i,T}^2$$

$$+\beta_3 LG2_{i,T-2} \times LU\_urbanpopdensity_{i,T} + \beta_4 LG3\_market_{i,T-2} \times LU\_urbanpopdensity_{i,T}$$

$$+\beta_5 LG4\_landfin_{i,T-2} \times LU\_urbanpopdensity_{i,T} + \beta_6 PU\_nonagr_{i,T-2} \times LU\_urbanpopdensity_{i,T}$$

$$+\chi Z_{2i,T-2} + \gamma DUM_{i,T-2} + \alpha_i + \lambda_T + \varepsilon_{i,T} \tag{4-6}$$

式（4-5）和式（4-6）的变量与式（4-3）和式（4-4）均一致。考虑以上模型中的因变量、解释变量和控制变量单位的差异和数值差距较大，故均取自然对数进行处理。其中，为了避免出现取对数后为负值的情况，进行了"加1"处理，变量包括：lnLG3_market1、lnLG51、lnFDI_gdpper1。变量选取与解释见表4-1。

表 4-1 变量选取与解释

变量类型	变量代码	变量名称	变量解释	预期方向1	预期方向2
因变量	C	城镇人均能源消费碳排放量/（t/人）	城镇能源消费碳排放/城镇人口		
解释变量	LU_urbanpopdensity	城镇人口密度/（人/km²）	城镇人口/建成区面积		U型
	LG2	省级审批建设用地面积比重/%	省级审批建设用地面积/审批建设用地总面积×100	−	
	LG3_market	土地出让中招拍挂面积比重/%	招拍挂方式出让的土地面积/土地出让总面积×100	−	
	LG4_landfin	土地收入占财政决算收入比重/%	（土地出让金+房产税+城镇土地使用税+土地增值税+耕地占用税+契税）/财政决算收入×100	−	
	PU_nonagr	非农人口比重/%	非农业人口/总人口×100。反映户籍人口城镇化水平	−	
	PU_urban	城镇人口比重/%	城镇人口/总人口×100。反映常住人口城镇化水平		倒U型
控制变量	gdp_percap98ma	人均产值/（元/人）	地区生产总值（1998年不变价）/总人口	+/−	+
	gdp_indper	工业产值比重/%	工业产值/地区生产总值×100	−	+
	FDI_gdpper	外商直接投资占比/%	实际利用外商直接投资/地区生产总值×100	+	−
	EN_totalpergdp	单位产值能耗/（tce/万元）	能源消费总量/地区生产总值		+
	ED_persongdp	环保管理分权/%	[（各省区市环保系统人员数/省区市总人口）/（全国环保系统人员数/全国总人口）]×[1−（省区市GDP/全国GDP）]		+

变量 类型	变量代码	变量名称	变量解释	预期 方向 1	预期 方向 2
控制 变量	ENV_visbat	环境上访批次/批次	环境上访批次		–
	FIN_bugetself	财政预算自给率/%	地方政府一般预算收入/地方 政府一般预算支出×100	–	
虚拟 变量	dum_areathreast	东部	东部省市赋值 1，其他为 0	+	–
	dum_areathrwest	西部	西部省区市赋值 1，其他为 0	–	+
	DUM 2003	政策调控年	2003 年及以后赋值 1，其他为 0		–
	DUM 2007	出让政策年	2007 年及以后赋值 1，其他为 0		–
	DUM 2014	集约政策年	2014 年及以后赋值 1，其他为 0	+	
	dum_polenvass2007	节能减排考核政策	2007 年及以后赋值 1，其他为 0		–
	dum_polredass2011	"温控"考核政策	2011 年及以后赋值 1，其他为 0		–

注：1. 城镇能源消费碳排放包括工业、建筑业、交通运输、仓储和邮政业、城镇生活 4 个部门的能源消费碳排放。2. "预期方向 1" 和 "预期方向 2" 分别针对城镇人口密度（人/km^2）和城镇人均能源消费碳排放量（t/人）。3. 西部省区市有两次调整，为了保持前后一致，按最新划分为准，西部包括 12 个省区市，即四川、重庆、贵州、云南、西藏、陕西、甘肃、青海、宁夏、新疆、广西和内蒙古。东部包括 11 个省市，即北京、天津、河北、辽宁、上海、江苏、浙江、福建、山东、广东和海南。其他省市为中部地区。

4.2.2　数据来源与描述统计

4.2.2.1　数据来源

能源数据来自《中国能源统计年鉴（1999—2015）》。土地数据来自《中国国土资源年鉴（1999—2012）》和《中国国土资源统计年鉴（2013—2015）》。城镇人口、非农业人口数据来自《中国人口统计年鉴（1999—2006）》《中国人口和就业统计年鉴（2007—2015）》。环境信访数据来自《中国环境年鉴（1999—2015）》。建成区面积、土地税费收入、地区生产总值等数据来自《中国统计年鉴（1999—2015）》。缺失的部分年份和省区市数据，本书采用插值法求算得到估算值。

特别需要说明的是，中国土地市场公布了 2015 年及以后的市场交易数据，但关于审批等数据较为不足，且 2007 年以前的土地供应数据缺失较为严重，而《中国国土资源年鉴》或《中国国土资源统计年鉴》上关于土地审批等的数据较为完整。因此，本章采用年鉴上的土地数据。2012 年是一个重要的年份，党的十八大召开，随后新的一届中央政府组建。本书的数据时间范围涵盖了其后的两年，重要时点的影响在一定程度上显露出来。另外，西藏的土地、经济和能源数据缺失较多，故取 1998—2014 年中国 30 个省区市的面板数据（不包括西藏）。见表 4-2。

表 4-2　描述性统计

变量代码	样本量	平均值	标准差	最小值	最大值	年份
C	510	3.14	1.96	0.74	12.75	1998—2014
LU_urbanpopdensity	510	18 516.03	5 062.66	8 042.11	34 659.86	1998—2014
LG2	510	63.98	20.64	2.30	100.00	1998—2014
LG3_market	510	50.55	35.09	0.00	99.37	1998—2014
LG4_landfin	510	45.68	32.52	3.87	179.58	1998—2014
PU_nonagr	510	33.45	11.75	13.98	65.78	1998—2014
PU_urban	510	47.40	16.02	19.81	98.83	1998—2014
gdp_percap98ma	510	9 081.85	5 274.39	2 236.23	25 984.34	1998—2014
gdp_indper	510	39.67	8.07	12.61	56.49	1998—2014
FDI_gdpper	510	2.77	2.60	0.07	15.36	1998—2014
EN_totalpergdp	510	2.98	1.52	0.77	8.44	1998—2014
ED_persongdp	510	0.99	0.37	0.31	2.31	1998—2014
ENV_visbat	510	1 967.30	1 683.94	2.00	9 896.00	1998—2014
FIN_bugetself	510	53.21	19.83	14.83	167.18	1998—2014

注：变量名称、单位及解释见表 4-1。

4.2.2.2　描述统计

（1）**各变量的总体样本均存在较为显著的差异**。其中，人均产值、城镇人口密度和环境上访批次三个变量的总体标准差较大；环保管理分权、单位地区产值能耗、城镇人均能源消费碳排放、外商直接投资占比的总体标准差较低，但其最大值和最小值相差仍在 6 倍以上。样本中，各省区市不同变量的显著差异为运用计量模型方法探究变量关系提供了良好的条件。

（2）**城镇人均能源消费碳排放总体趋于增长，地区间存在一定差异**。不同地区的变化趋势见图 4-2。

由图 4-2 可知，各省区市城镇人均能源消费碳排放普遍增长，但增长的速度和趋势存在差异。其中，内蒙古、宁夏、新疆等地增长速度较快；4 个直辖市基本维持在较低的水平，其中，北京还出现微弱下降的趋势。

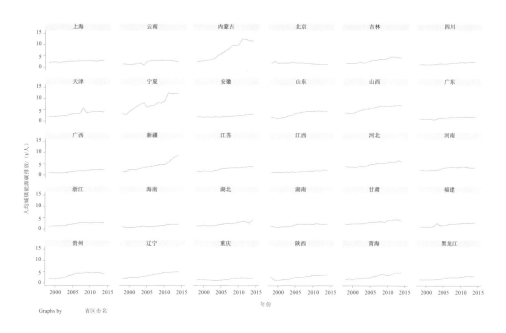

图 4-2　各省区市城镇人均能源消费碳排放变化情况（1998—2014 年）

（3）**城镇人口密度总体趋于下降，地区差异非常明显**。不同地区的变化趋势见图 4-3。由图可知，各省区市城镇人口变化的总体趋势主要可分为三种类型：其一，"持续降低型"，主要包括广东、福建、浙江、江苏等地区。其中，福建的下降速度最快。其二，"先增后降型"，主要包括江西、河南、海南、青海等地区。其中青海的波动最为显著。其三，"先降后略增型"，如上海，此类地区很少。

特别说明两点：其一，贵州的变化趋势尤为特别，呈现剧烈上下波动，总体趋于下降的变化趋势。其二，东北三省的城镇人口密度总体最低，其中以吉林下降速度最快。这可能反映了此地区人口流失情况较为严重。

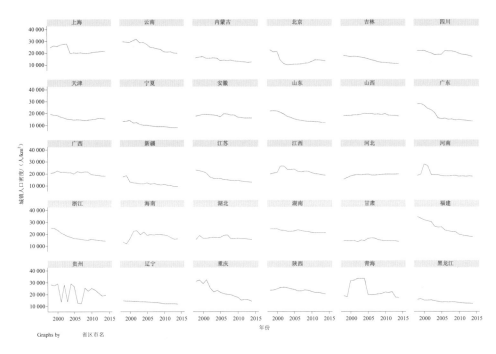

图 4-3　各省区市城镇人口密度变化情况（1998—2014 年）

（4）**地方政府土地管理行为地区差异较为显著**。本章重点考察省级审批建设用地面积比重、土地出让中招拍挂面积比重、土地收入占决算财政收入比重。各地区的总体变化趋势见图 4-4。可知总体上，各省区市地方政府土地管理行为的三个指标数据（取对数处理后，代码分别为 lnLG2、lnLG3_market1、lnLG4_landfin）均呈现不断增长的趋势。其中，省级审批建设用地面积比重相对比较稳定，而土地出让中招拍挂面积比重、土地收入占财政决算收入比重波动相对较大。土地出让中招拍挂面积比重增长较快。特别要说明的是，2007 年，由于国家出台了土地出让收入管理办法，土地收入占财政决算收入的比重出现整体下降，多个地区出现"V 型"底部拐点值，随后总体上又开始逐渐上升。

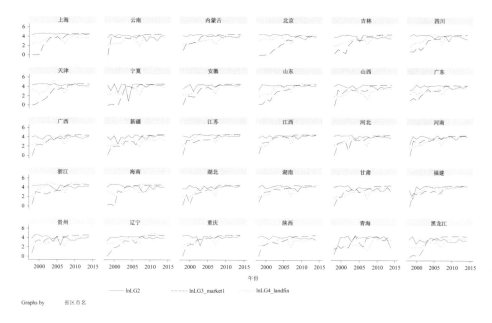

图 4-4　各省区市地方政府土地管理行为变化情况（1998—2014 年）

4.3　实证结果与分析

　　按照"地方政府土地管理行为→城镇人口密度→城镇人均能源消费碳排放"的总体思路进行分析，主要采用固定效应模型和系统 GMM 模型进行估计，同时以混合回归模型为参照。根据检验发现，存在异方差问题，因此采用稳健标准差的方法进行处理。混合回归模型、固定效应模型和系统 GMM 模型分别记为 POLS 模型、FE 模型、SYS-GMM 模型。见表 4-3 和表 4-4。

表 4-3　对城镇人口密度回归结果

变量代码	(1) POLS_r	(2) FE_r	(3) SYS-GMM	(4) POLS_r	(5) FE_r	(6) SYS-GMM	(7) POLS_r	(8) FE_r	(9) SYS-GMM
l2.lnLG2	-0.006	-0.029**	-0.003	-0.004	-0.029**	-0.006	-0.004	-0.029**	-0.002
	(-0.20)	(-2.36)	(-0.20)	(-0.16)	(-2.35)	(-0.36)	(-0.16)	(-2.37)	(-0.11)
l2.lnLG3_market1	0.010	-0.028***	-0.032***	0.010	-0.028***	-0.032***	0.008	-0.031***	-0.036***
	(0.960)	(-3.41)	(-2.92)	(0.940)	(-3.41)	(-2.90)	(0.730)	(-3.77)	(-2.69)
l2.lnLG4_landfin	-0.060***	-0.020**	-0.020	-0.062***	-0.020**	-0.020	-0.059***	-0.020**	-0.020
	(-3.96)	(-2.09)	(-1.55)	(-4.05)	(-2.09)	(-1.51)	(-3.88)	(-2.15)	(-1.55)
l2.lnPU_nonagr	-0.539***	-0.135	-0.100	-0.521***	-0.134	-0.112	-0.553***	-0.165	-0.095
	(-14.81)	(-1.18)	(-0.75)	(-13.84)	(-1.18)	(-0.87)	(-13.59)	(-1.46)	(-0.72)
l2.lngdp_percap98ma	0.016	-0.101*	-0.107	0.000	-0.103*	-0.093	0.034	-0.058	-0.092
	(0.430)	(-1.76)	(-1.59)	(0.010)	(-1.77)	(-1.36)	(0.670)	(-0.90)	(-1.31)
l2.lngdp_indper	-0.034	-0.182*	-0.332*	-0.038	-0.182*	-0.333*	-0.034	-0.212*	-0.331*
	(-0.91)	(-1.72)	(-1.71)	(-0.99)	(-1.72)	(-1.71)	(-0.91)	(-1.96)	(-1.76)
l2.lnFDI_gdpper1	0.185***	0.002	0.039	0.186***	0.002	0.036	0.190***	0.008	0.044
	(9.470)	(0.060)	(0.710)	(9.520)	(0.050)	(0.660)	(9.380)	(0.200)	(0.820)
l2.lnLG51				0.012	0.001	-0.010**			
				(1.090)	(0.250)	(-2.11)			
l.lnFIN_bugetself							-0.029	-0.137*	-0.064
							(-0.56)	(-1.73)	(-0.55)

变量代码	(1) POLS_r	(2) FE_r	(3) SYS-GMM	(4) POLS_r	(5) FE_r	(6) SYS-GMM	(7) POLS_r	(8) FE_r	(9) SYS-GMM
l.lnLU_urbanpopdensity			-0.117			-0.117			-0.123
			(-0.60)			(-0.60)			(-0.61)
constant	11.581***	12.079***	13.568***	11.637***	12.089***	13.533***	11.576***	12.445***	13.724***
	(39.790)	(33.070)	(5.450)	(41.120)	(32.830)	(5.350)	(39.740)	(28.460)	(5.080)
N	450	450	450	450	450	450	450	450	450
r²	0.450	0.428		0.452	0.428		0.450	0.439	
r²_a	0.441	0.419		0.442	0.417		0.440	0.428	
Hausman test．Prob>chi2		0.000			0.000			0.000	
AR (1)，Pr>z			0.049			0.049			0.047
AR (2)，Pr>z			0.905			0.879			0.828
Hansen test．Prob>chi2			1.000			1.000			1.000
Number of instruments			65			66			66
Wald			74.810			85.980			75.030

注：(1) *P<0.1，**P<0.05．***P<0.01。(2) 假定扰动项为独立分布时，可使用 "estat sargan" 命令，不需要使用稳健性标准差（陈强，2010），本书放宽了扰动项为独立分布的假定，采用 "robust"，用 Hansen 检验，原假设为 "所有工具变量均为有效"。(3) 扰动项存在一阶自相关（P<0.1），但不存在二阶自相关（P>0.1），因此，可以接受 "扰动项无自相关" 的原假设。(4) 括号内为 t 值。下同。

续表

变量代码	(10) POLS_r	(11) FE_r	(12) SYS-GMM	(13) POLS_r	(14) FE_r	(15) SYS-GMM	(16) POLS_r	(17) FE_r	(18) SYS-GMM	(19) POLS_r	(20) FE_r	(21) SYS-GMM
l2.lnLG2	-0.002 (-0.06)	-0.029** (-2.36)	-0.012 (-0.79)	-0.005 (-0.17)	-0.028** (-2.37)	-0.001 (-0.05)	-0.008 (-0.27)	-0.029** (-2.36)	-0.003 (-0.22)	-0.006 (-0.20)	-0.028** (-2.31)	-0.002 (-0.15)
l2.lnLG3_market1	0.007 (0.630)	-0.028*** (-3.41)	-0.029** (-2.54)	0.018 (1.510)	-0.015 (-1.67)	-0.015 (-1.26)	0.020 (1.570)	-0.026*** (-2.99)	-0.032*** (-3.97)	0.010 (0.980)	-0.028*** (-3.47)	-0.032*** (-2.94)
l2.lnLG4_landfin	-0.059*** (-3.89)	-0.020** (-2.09)	-0.025 (-1.60)	-0.054*** (-3.46)	-0.010 (-1.11)	-0.009 (-0.83)	-0.061*** (-4.01)	-0.021* (-1.93)	-0.020 (-1.39)	-0.060*** (-3.89)	-0.019* (-1.98)	-0.019 (-1.53)
nonagr	-0.577*** (-15.67)	-0.135 (-1.18)	-0.104 (-0.80)	-0.526*** (-14.08)	-0.102 (-0.91)	0.009 (0.060)	-0.536*** (-14.64)	-0.127 (-1.09)	-0.100 (-0.77)	-0.540*** (-14.76)	-0.135 (-1.17)	-0.117 (-0.91)
l2.lngdp_percap98ma	0.078 (1.610)	-0.101* (-1.76)	-0.075 (-1.18)	0.011 (0.290)	-0.126** (-2.16)	-0.186** (-2.52)	0.028 (0.710)	-0.088 (-1.44)	-0.108 (-1.46)	0.018 (0.480)	-0.082 (-1.32)	-0.079 (-1.07)
l2.lngdp_indper	-0.070* (-1.70)	-0.182* (-1.72)	-0.398* (-1.73)	-0.033 (-0.89)	-0.169 (-1.63)	-0.337* (-1.72)	-0.031 (-0.84)	-0.181* (-1.70)	-0.333* (-1.67)	-0.035 (-0.93)	-0.197* (-1.81)	-0.359* (-1.68)
l2.lnFDI	0.200*** (9.890)	0.002 (0.060)	0.003 (0.060)	0.184*** (9.350)	0.003 (0.090)	0.046 (0.810)	0.181*** (9.200)	0.002 (0.060)	0.039 (0.700)	0.184*** (9.290)	0.001 (0.020)	0.036 (0.660)
gdpper1												
dum_areathreast	-0.099*** (-3.08)		-0.607 (-1.41)									
dum_areathrwest	-0.035 (-1.54)		-0.497** (-2.09)									
DUM 2003				-0.049 (-1.24)	-0.070*** (-3.03)	-0.089*** (-3.22)						

变量 代码	(10) POLS_r	(11) FE_r	(12) SYS-GMM	(13) POLS_r	(14) FE_r	(15) SYS-GMM	(16) POLS_r	(17) FE_r	(18) SYS-GMM	(19) POLS_r	(20) FE_r	(21) SYS-GMM
DUM2007							-0.042 (-1.49)	-0.012 (-0.53)	0.001 (0.020)			
DUM2014										-0.014 (-0.38)	-0.028** (-2.49)	-0.030 (-1.47)
l.lnLU_urban- popdensity			-0.079 (-0.39)			-0.132 (-0.73)			-0.116 (-0.60)			-0.121 (-0.62)
constant	11.313*** (32.440)	12.079*** (33.070)	13.652*** (5.170)	11.570*** (39.880)	12.113*** (31.270)	14.023*** (5.780)	11.464*** (38.480)	11.931*** (25.470)	13.571*** (5.390)	11.567*** (39.060)	11.955*** (32.450)	13.519*** (5.410)
N	450	450	450	450	450	450	450	450	450	450	450	450
r²	0.459	0.428		0.452	0.444		0.452	0.428		0.450	0.430	
r²_a	0.448	0.419		0.442	0.434		0.442	0.418		0.440	0.419	
Hausman test, Prob>chi2		0.000			0.000			0.000			0.000	
AR (1) , Pr>z			0.049			0.049			0.051			0.049
AR (2) , Pr>z			0.796			0.823			0.906			0.917
Hansen test, Prob>chi2			1.000			1.000			1.000			1.000
Number of instruments			65			66			66			66
Wald			96.220			69.580			85.500			76.660

表 4-4　对城镇人均能源消费碳排放回归结果

变量代码	(1) POLS_r	(2) FE_r	(3) SYS-GMM_r	(4) SYS-GMM_r	(5) POLS_r	(6) FE_r	(7) SYS-GMM_r	(8) SYS-GMM_r
lnLU_urbanpopdensity	-0.594***	-0.517***	-0.517***	-0.384***	-0.578***	-0.513***	-0.483***	-0.352***
	(-8.35)	(-3.39)	(-2.69)	(-3.36)	(-8.00)	(-4.05)	(-2.80)	(-3.22)
lnED_persongdp	0.453***	-0.297***	0.252	0.293	0.509***	-0.313***	0.353**	0.372**
	(9.860)	(-2.93)	(1.610)	(1.570)	(10.560)	(-3.17)	(2.460)	(2.060)
l2.lnPU_urban	0.080	0.551**	0.474*	-0.029	0.044	0.101	0.341	-0.042
	(0.650)	(2.650)	(1.780)	(-0.10)	(0.330)	(0.440)	(1.210)	(-0.15)
l2.lngdp_percap98ma	0.111	0.369**	-0.354**	0.206	0.073	0.355**	-0.317**	0.196
	(1.310)	(2.520)	(-2.32)	(1.160)	(0.930)	(2.580)	(-2.30)	(1.180)
l2.lngdp_indper	0.649***	0.515**	0.512**	0.405**	0.622***	0.495***	0.511**	0.411**
	(9.350)	(2.630)	(2.410)	(2.340)	(9.570)	(3.300)	(2.530)	(2.470)
l2.lnFDI_gdpper1	-0.340***	-0.045	-0.175***	-0.138*	-0.337***	-0.009	-0.142**	-0.12
	(-10.61)	(-0.85)	(-2.73)	(-1.83)	(-10.83)	(-0.17)	(-2.33)	(-1.61)
l2.lnLG4_landfin×lnLU_urbanpopdensity					0.011***	0.008***	0.006***	0.004***
					(5.300)	(5.880)	(3.490)	(3.000)
l2.lnPU_nonagr×lnLU_urbanpopdensity					0.000	0.035**	-0.009	-0.013
					(0.020)	(2.150)	(-0.35)	(-0.63)

变量代码	(1) POLS_r	(2) FE_r	(3) SYS-GMM_r	(4) SYS-GMM_r	(5) POLS_r	(6) FE_r	(7) SYS-GMM_r	(8) SYS-GMM_r
l.EN_totalpergdp				0.249***				0.237***
				(3.700)				(3.660)
l.lnC_percapenetoturb			0.538***	0.048			0.510***	0.062
			(4.370)	(0.370)			(4.820)	(0.520)
constant	3.620***	−1.135	5.277***	0.980	3.673***	−0.771	5.214***	1.096
	(4.140)	(−0.54)	(2.800)	(0.660)	(4.070)	(−0.43)	(3.100)	(0.760)
N	450	450	450	450	450	450	450	450
r²	0.598	0.693			0.621	0.731		
r²_a	0.592	0.689			0.615	0.726		
Hausman test, Prob>chi2		0.000				0.000		
AR (1), Pr>z			0.000	0.001			0.000	0
AR (2), Pr>z			0.393	0.826			0.123	0.485
Hansen test, Prob>chi2			1.000	1.000			0.999	0.999
Number of instruments			64	65			66	67
Wald			264.600	264.870			425.470	381.82

续表

变量代码	（9）POLS_r	（10）FE_r	（11）SYS-GMM_r	（12）SYS-GMM_r	（13）POLS_r	（14）FE_r	（15）SYS-GMM_r	（16）SYS-GMM_r
lnLU_urbanpopdensity	-19.642***	-5.789	-19.746***	-11.534**	-0.588***	-0.526***	-0.229**	-0.193***
	（-7.62）	（-1.39）	（-3.01）	（-2.32）	（-8.23）	（-3.51）	（-2.53）	（-2.92）
lnLU_urbanpopdensity_2	0.979***	0.268	0.979***	0.568**				
	（7.390）	（1.270）	（2.960）	（2.270）				
lnED_persongdp	0.557***	-0.290***	0.363***	0.376**	0.448***	-0.313***	0.148	0.206
	（11.780）	（-2.85）	（2.710）	（2.160）	（10.170）	（-3.29）	（0.820）	（1.170）
l2.lnPU_urban	0.115	0.158	0.497	0.067	0.579	1.888	6.572***	4.705**
	（0.850）	（0.710）	（1.630）	（0.240）	（0.710）	（1.030）	（3.590）	（2.270）
l2.lnPU_urban_2					-0.068	-0.193	-0.842***	-0.613**
					（-0.61）	（-0.73）	（-3.36）	（-2.16）
l2.lngdp_percap98ma	0.028	0.313**	-0.421***	0.107	0.128	0.409**	0.028	0.215*
	（0.380）	（2.390）	（-2.72）	（0.680）	（1.380）	（2.520）	（0.210）	（1.710）
l2.lngdp_indper	0.686***	0.498***	0.560***	0.446***	0.638***	0.507**	0.344*	0.28
	（11.210）	（3.600）	（3.000）	（2.800）	（8.790）	（2.540）	（1.680）	（1.560）
l2.lnFDI_gdpper1	-0.297***	-0.011	-0.108	-0.102	-0.342***	-0.047	-0.162**	-0.127**
	（-9.51）	（-0.22）	（-1.60）	（-1.30）	（-10.62）	（-0.88）	（-2.43）	（-2.01）

变量代码	（9）	（10）	（11）	（12）	（13）	（14）	（15）	（16）
	POLS_r	FE_r	SYS-GMM_r	SYS-GMM_r	POLS_r	FE_r	SYS-GMM_r	SYS-GMM_r
l2.lnLG4_landfin×lnLU_urbanpopdensity	0.013***	0.008***	0.006***	0.004***				
	（6.440）	（6.140）	（3.680）	（3.250）				
l2.lnPU_nonagr×lnLU_urbanpopdensity	-0.006	0.034**	-0.009	-0.013				
	（-0.61）	（2.080）	（-0.38）	（-0.64）				
l.EN_totalpergdp				0.223***				0.158***
				（3.390）				（2.880）
l.lnC_percapenetoturb			0.444***	0.052			0.442***	0.168
			（4.150）	（0.470）			（4.220）	（1.390）
constant	96.425***	25.387	100.090***	56.387**	2.540	-3.635	-11.171***	-9.443**
	（7.670）	（1.240）	（3.070）	（2.290）	（1.290）	（-0.85）	（-2.78）	（-2.24）
N	450	450	450	450	450	450	450	450
r2	0.655	0.735			0.598	0.694		
r2_a	0.648	0.729			0.592	0.689		
Hausman test, Prob>chi2		0.000				0.000		
AR（1），Pr>z			0.001	0.001			0.000	0.000
AR（2），Pr>z			0.159	0.457			0.104	0.449
Hansen test, Prob>chi2			1.000	1.000			1.000	1.000
Number of instruments			67	68			65	66
Wald			619.640	467.020			509.890	324.270

续表

变量代码	(17) POLS_r	(18) FE_r	(19) SYS-GMM_r	(20) POLS_r	(21) FE_r	(22) SYS-GMM_r	(23) POLS_r	(24) FE_r	(25) SYS-GMM_r
lnLU_urbanpopdensity	-13.854***	-5.037	-15.216***	-0.271	-1.523	-10.804**	-14.671***	-6.001	-16.040***
	(-5.58)	(-1.17)	(-3.23)	(-0.11)	(-0.29)	(-2.27)	(-6.02)	(-1.55)	(-3.25)
lnLU_urbanpopdensity_2	0.680***	0.234	0.753***	-0.004	0.061	0.532**	0.723***	0.285	0.795***
	(5.310)	(1.070)	(3.160)	(-0.03)	(0.230)	(2.210)	(5.750)	(1.450)	(3.190)
lnED_persongdp	0.592***	-0.158	0.393***	0.302***	-0.137	0.402**	0.599***	-0.099	0.413**
	(12.130)	(-1.49)	(2.600)	(7.550)	(-1.54)	(2.180)	(12.050)	(-0.98)	(2.470)
l2.lnPU_urban	-0.064	0.062	0.322	-0.603***	-0.206	0.029	-0.061	-0.022	0.344
	(-0.49)	(0.280)	(1.050)	(-5.77)	(-1.21)	(0.110)	(-0.47)	(-0.12)	(1.160)
l2.lngdp_percap98ma	0.003	0.246	-0.199	0.503***	0.415***	0.148	-0.039	0.137	-0.404***
	(0.040)	(1.670)	(-1.37)	(6.050)	(2.920)	(1.050)	(-0.41)	(0.730)	(-2.62)
l2.lngdp_indper	0.818***	0.496***	0.352**	0.376***	0.302**	0.358**	0.804***	0.488***	0.439***
	(13.460)	(3.160)	(2.390)	(6.050)	(2.100)	(2.170)	(13.250)	(2.830)	(2.750)
l2.lnFDI_gdpper1	-0.185***	0.009	-0.014	-0.087***	0.005	-0.047	-0.183***	0.000	-0.012
	(-4.80)	(0.190)	(-0.21)	(-2.77)	(0.120)	(-0.80)	(-4.74)	(0.000)	(-0.20)
l1.lnENV_visbat	-0.072***	-0.018*	-0.022*	0.003	-0.007	-0.012	-0.062***	-0.001	-0.007
	(-5.18)	(-1.81)	(-1.93)	(0.250)	(-0.77)	(-1.41)	(-4.38)	(-0.12)	(-0.71)
l2.lnLG2×lnLU_urbanpopdensity	0.006**	0.002	0.001	0.003	0.000	0.000	0.007**	0.001	0.002
	(2.360)	(1.110)	(1.070)	(1.470)	(-0.18)	(0.160)	(2.540)	(1.070)	(1.510)

变量代码	（17）POLS_r	（18）FE_r	（19）SYS-GMM_r	（20）POLS_r	（21）FE_r	（22）SYS-GMM_r	（23）POLS_r	（24）FE_r	（25）SYS-GMM_r
l2.lnLG3_market1×lnLU_urbanpopdensity	0.008***	0.005***	0.005***	0.004***	0.003**	0.003***	0.006***	0.003**	0.004***
	(5.850)	(3.890)	(3.700)	(3.390)	(2.160)	(3.140)	(3.680)	(2.330)	(2.970)
l2.lnLG4_landfin×lnLU_urbanpopdensity	0.007***	0.006***	0.005***	0.005***	0.004***	0.003***	0.007***	0.008***	0.005***
	(3.640)	(5.960)	(3.690)	(3.130)	(3.790)	(3.110)	(3.460)	(6.720)	(3.510)
l2.lnPU_nonagr×lnLU_urbanpopdensity	0.003	0.026	-0.002	0.013**	0.021*	-0.010	0.004	0.019	-0.005
	(0.310)	(1.640)	(-0.07)	(2.100)	(1.770)	(-0.57)	(0.470)	(1.290)	(-0.21)
dum_areathreast	0.151***		-0.125	0.064		-0.213	0.176***		-0.044
	(2.870)		(-0.34)	(1.610)		(-0.70)	(3.250)		(-0.11)
dum_areathrwest	0.264***		0.481	0.086**		0.053	0.265***		0.453
	(6.040)		(1.630)	(2.510)		(0.160)	(6.010)		(1.560)
dum_polenvass2007							0.089**	0.148***	0.106***
							(2.540)	(3.860)	(3.960)
dum_polredass2011							0.010	-0.016	0.041
							(0.260)	(-0.39)	(1.230)
l.EN_totalpergdp				0.210***	0.168***	0.194**			
				(13.080)	(2.920)	(2.560)			

变量代码	(17) POLS_r	(18) FE_r	(19) SYS-GMM_r	(20) POLS_r	(21) FE_r	(22) SYS-GMM_r	(23) POLS_r	(24) FE_r	(25) SYS-GMM_r
l.lnC_percapenetoturb			0.272**			0.005			0.237**
			（2.380）			（0.050）			（2.110）
constant	68.458***	22.430	76.492***	−0.962	4.647	52.798**	72.657***	28.383	81.986***
	（5.660）	（1.060）	（3.310）	（−0.08）	（0.180）	（2.250）	（6.100）	（1.490）	（3.380）
N	450	450	450	450	450	450	450.000	450.000	450.000
r²	0.765	0.759		0.853	0.805		0.768	0.776	
r²_a	0.757	0.752		0.848	0.799		0.759	0.769	
Hausman test, Prob>chi2		0.000			0.009			0.000	
AR（1），Pr>z			0.002			0.001			0.002
AR（2），Pr>z			0.435			0.961			0.444
Hansen test, Prob>chi2			1.000			1.000			1.000
Number of instruments			70			71			72
Wald			811.580			609.270			519.480

表 4-3 为地方政府土地管理行为对城镇人口密度影响的回归结果，其中，以 FE 模型的结果最为显著且稳健，此部分主要基于 FE 模型结果进行分析。表 4-4 为城镇人口密度对城镇人均能源消费碳排放的影响、地方政府土地管理行为与城镇人口密度对城镇能源碳排放交叉影响的回归结果，此部分主要基于 SYS-GMM 模型结果进行分析。基于"地方政府土地管理行为—城镇人口密度—城镇人均能源消费碳排放"分析框架，围绕着三个假说，结合模型结果，先重点分析建设用地审批、土地出让方式、土地收入依赖三种地方政府行为对城镇人口密度的影响，同时，考虑土地政策、户籍政策、财政自给率等方面的作用；紧接着，重点分析城镇人口密度及其与地方政府土地管理行为对城镇人均能源消费碳排放的交叉影响，并考察能耗水平、城镇化、环保政策等因素的作用。

4.3.1　影响人口密度的因素分析

4.3.1.1　建设用地审批的影响

结果显示，在控制其他变量的情况下，省级审批建设用地面积比重提高 1%，第三年的城镇人口密度下降约 2.9%。FE 模型中，回归系数最为稳健，且均通过显著性检验。POLS 模型和 SYS-GMM 模型的回归结果也为负数，但都没有通过显著性检验，其系数绝对值也远小于 FE 模型的结果。由此可见，省级审批建设用地面积比重对城镇人口密度具有较为稳健的负向影响，这与预期相一致。

同时，省级审批建设用地对城镇人口密度的影响，受到土地政策的强化作用。FE 模型中，分别加入年份虚拟变量 $DUM\,2003$ 和 $DUM\,2014$ 后发现：一方面，省级审批建设用地面积比重的回归系数绝对值均略有下降，这可能说明，省级审批建设用地面积比重对城镇人口密度的作用，很可能受到土地政策参与宏观调控、《节约集约利用土地规定》的影响，其土地政策略微强化了其负向作用。另一方面，$DUM\,2003$ 和 $DUM\,2014$ 的回归系数均显著为负，且通过显著性检验，这说明土地政策参与宏观调控很可能是导致城镇人口密度下降的重要原因。而《节约集约利用土地规定》对城镇人口密度的正向作用并未有效发挥出来，或者说，传统的土地政策的正向作用小于负向作用。

FE 模型中，引入 $DUM\,2007$，省级审批建设用地面积比重回归系数基本不变，而 $DUM\,2007$ 本身的回归系数为负，但不显著。这可能说明，本样本期内，土地出让收入管理政策对省域城镇人口密度的影响尚不确定。

4.3.1.2 土地出让方式的影响

结果显示，控制其他变量的情况下，土地出让中招拍挂面积比重提高 1%，第三年的城镇人口密度下降约 2.8%。FE 模型和 SYS-GMM 模型中，回归系数稳健为负，且基本都通过显著性检验，其中 FE 模型结果系数绝对值略小于 SYS-GMM 模型结果；POLS 模型的回归结果为正数，但均没有通过显著性检验，其系数绝对值也小于 FE 模型和 SYS-GMM 模型的结果。由此可见，土地出让中招拍挂面积比重对城镇人口密度具有较为稳健的负向影响。这与预判相一致。

土地出让方式对城镇人口密度的影响，受到土地出让及其收入管理政策的作用，结果表明，土地政策具有明显的强化作用。FE 模型中，分别加入年份虚拟变量 $DUM\,2003$ 和 $DUM\,2007$ 后发现：土地出让中招拍挂面积比重的回归系数绝对值均下降，其中，加入 $DUM\,2003$ 后的变化非常大，且其结果由显著变为不显著。这可能说明，土地政策参与宏观调控，加快了土地市场化进程，很可能增强了土地市场化对城镇人口密度的负向影响。

而财政自给率可能具有一定的弱化作用。FE 模型中，把财政预算自给率作为控制变量后，土地出让中招拍挂面积比重回归系数绝对值增加了，即对城镇人口密度绝对值的负向作用更大了。这可能说明，财政自给率略微弱化了土地出让中招拍挂面积比重的负向影响。可能的解释是，财政自由度越大，财政相对充裕，通过土地市场化方式获取更高土地收入的动力相对没有那么高；也可能是一般财政收入的能力逐渐增强，从而弱化了通过招拍挂方式获取更大土地收入的需求。有些发达地区为了引进高科技产业，会适当增加协议供地比重，从而促使城镇土地更加集约利用，提高城镇人口密度。

另外，值得讨论的是，招拍挂面积比重通常被作为反映土地市场化水平的重要指标，提高其比重成为推动土地要素市场化配置，提高土地高效利用的重要途径。实证结果表明，招拍挂面积比重对城镇人口密度负向影响，似乎并没有显示出积极作用，难道是这个样本时期特有的情况吗？是否可能存在非线性的影响呢？于是，依次引入招拍挂面积比重的二次项、三次项，POLS_r、FE_r 和 SYS-GMM 模型回归结果均稳健[①]。其中 POLS_r 模型结果通过显著性检验，表明

---

① 控制变量与表 4-3 一致。在增加建设用地审批、土地收入依赖指标后，结果依然稳健。

存在倒 N 型的曲线关系。根据其回归结果测算，招拍挂面积比重在 3%～48%的范围内，对城镇人口密度呈正向影响；超过这个范围，则表现为负向影响。样本期间，各省区市招拍挂面积比重均值为 50.55%，由此可见，招拍挂面积比重与城镇人口密度的关系总体上处于负相关的阶段。

4.3.1.3　土地收入依赖的影响

结果表明，在控制其他变量的情况下，土地收入占财政决算收入比重提高 1%，第三年的城镇人口密度则下降约 2%。POLS 模型、FE 模型和 SYS-GMM 模型中的回归系数稳健为负，其中，FE 模型结果总体均稳健显著。由此可见，土地收入占财政决算收入比重对城镇人口密度具有稳健的负向影响，这与预判相一致。

当土地政策作为宏观调控抓手的时候，地方政府借机"经营土地"的意识往往被"激活"，强化对土地收入的依赖。FE 模型中，分别加入 DUM 2003 后发现，土地收入占财政决算收入比重的回归系数绝对值下降很大，其结果绝对值减少一半，且由显著变为不显著。这可能说明，土地政策参与宏观调控后，激活了土地收入及其需求，很可能增强了土地收入依赖对城镇人口密度的负向影响。

一般来说，集约用地政策有利于遏制城镇扩张，而在 FE 模型中，加入 DUM 2014 后发现，土地收入占财政决算收入比重的回归系数绝对值却下降。这可能说明，2014 年国家集约用地政策的正向作用在样本期内并未发挥出来。

另外，为了考察土地出让收入管理政策的影响，在 FE 模型中引入了 DUM 2007，结果表明，土地收入占财政决算收入比重的回归系数略有提升，且在 10%水平上通过显著性检验。这说明，2007 年土地出让管理政策对土地收入起到了较为显著的抑制作用，使得地方政府对土地收入依赖程度略有降低，很可能对城镇扩张速度的影响有所减弱，进而弱化了对城镇人口密度的负向影响。

4.3.1.4　主要控制变量的影响

以上三种关键解释变量对城镇人口密度影响的假设得以验证。为了更加全面分析影响城镇人口密度的因素，本书进一步就土地执法、户籍政策、财政自给率等主要控制变量的影响进行分析。

（1）土地执法越严格越有利于提升城镇人口密度，但作用并不显著。在控制其他变量的情况下，土地执法严格程度提高 1%，第三年的城镇人口密度约提升 1%。引入土地执法严格程度变量后，其本身的回归系数，仅 SYS-GMM 模型结果在 10%水平上通过显著性检验，且回归系数为负。这可能说明，土地执法严格程度的提升有利于减少土地违法，促进节约集约用地，但在提高城镇人口密度方面的作用并不显著且不稳定。

在 FE 模型中，控制住土地执法严格程度后，三个土地行为的回归系数和显著性基本没有变化，很可能正好说明，绝大多数地方政府土地管理行为是受到法律法规"名义"授权下的行为，也就是说，城镇人口密度变化主要是地方政府"本意"所为的结果。同时还发现，在 SYS-GMM 模型中，省级审批建设用地面积比重的回归系数绝对值略有上升（由原来的–0.003 变为–0.006），这可能说明，土地执法越严，越有利于减少土地违法行为，尤其是地方政府违法批地等行为，弱化建设审批对城镇人口密度的负向影响。不过，土地执法越严格，往往可能使得"政企合谋"的隐蔽性更强，并很可能通过"俘获"更多的农用地转用审批降低"显形"违法用地。SYS-GMM 模型结果没有通过显著性检验，反映了其影响过程的复杂性和较大的不确定性。

（2）户籍政策显著影响城镇人口密度，财政自给率具有一定的弱化作用。三个模型结果中，非农人口比重的回归系数稳健为负，其中 POLS 模型结果均显著。一般而言，非农人口比重上升，意味着户籍政策放松，农转非指标增多，人口逐渐向城市集中，因此对城市用地需求也相应增加更多（朱莉芬等，2007）。但在具有吸引力的地区，城市建成区面积扩张的速度往往很快，户籍制度的改革却更加举步维艰，即存在"政策悖论"（王美艳等，2008），从而很可能使得非农人口的增长速度滞后于城镇空间的扩张速度。

回归结果表明，样本期内的户籍制度没有促进城镇人口密度的提升，或者说对增加城镇人口的影响小于对建成区扩张的影响，从而使得城镇人口密度反而下降了。各个模型的结果方向稳健为负，但显著性不足。这可能说明人才引进等户籍放松政策起到了一定的积极作用，但非常有限，没有改变对城镇人口密度影响的总体方向。在 FE 模型中，引入土地收入占财政决算收入比重变量后，非农人口比重的回归系数为负，其绝对值变大，且由显著变为不显著。这一定程度上说明了，财政自给率对非农人口比重的影响具有一定的弱化作用。

值得注意的是，非农人口比重反映的户籍政策对城镇人口密度很可能具有"非线性"的影响。由图 4-5 可知，对于非农人口比重小于 50%的地区，地区的吸引力相对较小，户口政策放宽后，城镇人口的增长速度慢于城镇扩张的速度；而对于非农人口比重大于 50%的地区，随着非农人口比重增加，城镇人口密度增加。这可能说明，在"完全"人口城镇化较高的地区，其经济社会发展较为发达，尽管户籍政策非常严格，但对人口的吸引力仍非常大，其地区户籍"含金量"非常高，因此，落户人口的比重稍有增加，涌入的城镇人口就很可能加速增加，使得城镇人口增长的速度快于城市扩张的速度，引致城镇人口密度上升。

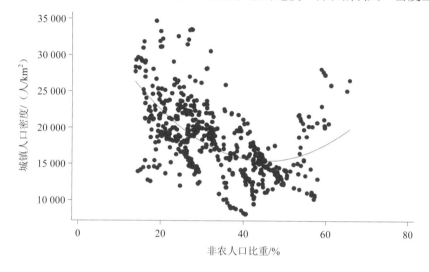

图 4-5　非农人口比重与城镇人口密度关系

（3）财政自给率显著降低了城镇人口密度。在控制其他变量的情况下，财政自给率提高 1%，第二年的城镇人口密度下降 6.4%～13.5%。三个模型中的回归系数均稳健为负，其中，FE 模型的回归结果在 10%水平上显著。这说明地方财政自由度越大，城镇人口密度越低，其负向影响强度甚至超过地方政府土地管理行为。

可能的原因是，在地方政府财政支出的"生产性偏好"和财政治理体系"建设型偏向"的情况下，地方政府垄断一级土地市场，往往更加偏向将更多的财政资源投入基础设施建设中，促进土地增值和未来税收增长，而对教育、医疗和社会保障等公共服务的财政投入相对不足（左翔等，2013）。这可能说明，尽管地方财政压力是地方政府通过扩大城镇开发规模、出让更多土地获取收入的直接原因，但根本性的原因在于通过土地开发、改善基础设施环境和引入更多的项目，获得土地增值收益和长期的税收增长，以及由此增加官员晋升的"筹码"。

（4）城镇人口密度"路径依赖"不显著。SYS-GMM 模型中，城镇人口密度滞后一期项的回归系数为负，均未通过显著性检验。这可能说明：上年的城镇人口密度越大，当年地方政府就会趋向争取更大的新增用地指标，扩大城镇空间；也可能进一步采取严格的户籍制度，限制人口的流入，进而导致城镇人口密度的降低，但在一年内这种作用并不显著[①]。

（5）地区的差异性影响。POLS 模型和 SYS-GMM 模型结果中，东部和西部虚拟变量的回归系数均稳健为负，但其显著性存在差异。陆铭（2016；2017）认为，中西部土地供应较多，而人口增长相对较慢，出现了人地资源的空间错配。但仅从 1998—2014 年各省区市城镇尺度平均水平看，人地配置情况并非如此：东部地区平均城镇人口密度最低，仅为 18 014 人/km²，而西部地区最高，达 19 132 人/km²；中部地区为 18 359 人/km²。

由于本书是按照"城镇人口/建成区面积"来计算城镇人口密度，而城镇人口也可能分布在建成区以外的县城或集镇，不同地区间还存在一定的差异，因此，为了规避不同地区建成区承载城镇人口比重的差异性，进一步构建了"城镇人口聚集度"指标（城镇人口密度/地区人口密度），用以佐证三大地区的城镇人口密度比较关系。根据表 4-5 比较发现，中部和西部城镇人口聚集度均高于东部，与"城镇人口密度"的比较结果一致，因此得以佐证。另外，中西部的"非农户口比"也高于东部，也与"城镇人口密度"的比较结果一致，这进一步说明区域人地资源禀赋和户籍宽松程度很可能是影响各地城镇人口密度的重要因素。

表 4-5　东部、中部、西部城镇人口密度比较

指标	地区	样本量	平均值	标准差	最小值	最大值
城镇人口密度/（人/km²）	东部	187	18 014.38	4 784.94	10 161.53	34 659.86
	中部	136	18 359.04	3 472.55	11 068.18	28 040.97
	西部	187	19 131.86	6 151.37	8 042.11	33 533.09
城镇人口聚集度（一）	东部	187	39.28	26.41	7.37	130.29
	中部	136	80.61	40.50	31.51	196.55
	西部	187	537.89	916.66	39.82	4 529.94

[①] 进一步考察城镇人口密度的滞后两期、三期的情况。回归结果仍没有通过显著性检验。

指标	地区	样本量	平均值	标准差	最小值	最大值
非农户口比 （一）	东部	187	0.68	0.12	0.43	0.89
	中部	136	0.74	0.12	0.48	1.07
	西部	187	0.73	0.13	0.44	1.12

注：1. 城镇人口聚集度=城镇人口密度/地区人口密度，反映地区人口在城镇聚集的程度。2. 非农户口比=非农业人口/城镇人口，反映非农业人口相对城镇人口的比重，在一定程度上反映户口政策的宽松程度。3. 本表原始数据：1998—2014 年中国 30 个省区市（不含西藏、港澳台）共 510 个样本。

4.3.2 　影响碳排放的因素分析

4.3.2.1 　城镇人口密度的影响

结果表明，城镇人口密度与城镇人均能源消费碳排放具有稳健的 U 型曲线关系。三个模型的回归结果具有较为稳健的一致性，即两者存在 U 型曲线关系：城镇人口密度较低时，随着城镇人口密度的提高，城镇人均能源消费碳排放逐渐下降；当城镇人口密度达到一定程度时，城镇人均能源消费碳排放趋于上升。三个模型中，SYS-GMM 模型的结果最为显著且稳健，因此主要基于 SYS-GMM 模型的回归结果进行分析。SYS-GMM 模型的结果中，城镇人口密度的一次项和二次项分别为负和正，且在 1%或 5%水平上显著。根据图 4-6，可直观且粗略看出，城镇人口密度与城镇人均能源消费碳排放呈现非线性的关系，与模型结果相一致。

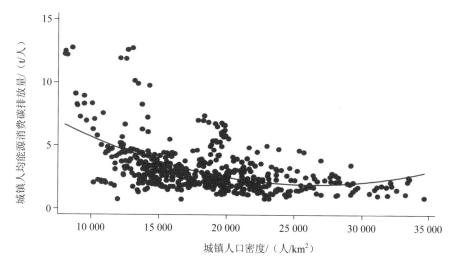

图 4-6 　城镇人口密度与城镇人均能源消费碳排放量的关系

城镇人口密度与城镇人均能源消费碳排放的 U 型曲线关系的拐点值较为稳定，样本总体上处于 U 型曲线的左侧。由 SYS-GMM 模型的不同回归结果可知，U 型曲线的拐点值在 2.40 万～2.57 万人/km²，样本的平均值为 1.85 万人/km²，因此样本总体上处于拐点值的左侧，即总体上城镇人口密度与城镇人均能源消费碳排放处于负相关的阶段。

进一步分析发现，U 型曲线的拐点值受到不同因素的影响。其中，能耗水平显著降低 U 型曲线的拐点值，增加"单位产值能耗"（1.EN_totalpergdp）后的拐点值变化最大。这很可能对应说明了能耗水平的增加，加剧了城镇人口密度增加带来的负面影响，使得城镇人口密度拐点值降低了 4.9%～6.6%，加速了拐点值到达的"时间"。另外，不同回归结果的拐点值非常接近（相差仅 25 人/km²）。这说明能耗水平是一项稳健的控制指标。

同时，土地行为也降低了 U 型曲线的拐点值。增加"省级审批建设用地面积比重"（LG2）、"土地出让中招拍挂面积比重"（LG3_market）与城镇人口密度交叉项后，拐点值总体上略有增大。这可能相应地说明了建设用地审批权力和市场干预力度助推了城镇人口密度增加带来的负面影响，使得城镇人口密度拐点值降低了约 1.9%，拐点"较早"到来。

而考核政策提高了 U 型曲线的拐点值。增加考核政策的年份虚拟变量 dum_polenvass2007 和 dum_polredass2011 之后，拐点值却相对变小了。这可能相应地说明了节能减排、"温控"考核政策有利于促进地方政府加强地区环境治理，优化地区基础设施建设，从而弱化因城镇人口密度增加带来的负面影响，使得城镇人口密度拐点值提高了约 1.6%，有利于推迟拐点值到来的时间。

4.3.2.2 城镇人口密度与土地行为的交叉影响

与建设用地审批的交叉作用正向影响了城镇人均能源消费碳排放。三个模型中，"省级审批建设用地面积比重"与"城镇人口密度"的交叉项回归系数稳健为正，其中 SYS-GMM 模型的回归结果边际显著（t=1.51）[见表 4-4 第（25）列]。这验证了，地方政府拥有的建设用地审批权越大，越可能导致城镇人口密度的下降，进而引致城镇人均能源消费碳排放的增加。模型中增加了"单位产值能耗"（1.EN_totalpergdp）后，SYS-GMM 模型回归系数变小了，这可能相应说明能耗水平加剧了其交叉作用，提高了城镇人均能源消费碳排放。增加考核政策的年份虚拟变量 dum_polenvass2007 和 dum_polredass2011 之后，SYS-GMM 模型回归系数变大了，这可能相应说明考核政策弱化了其交叉作用，有利于降低城镇人均能源消费碳排放。

　　与土地市场化的交叉作用显著提高了城镇人均能源消费碳排放。三个模型中，"土地出让中招拍挂面积比重"与"城镇人口密度"的交叉项回归系数稳健为正，且均在 1%水平上通过显著性检验。主要基于 SYS-GMM 模型结果进行分析，增加了"单位产值能耗"（l.EN_totalpergdp）后，SYS-GMM 模型回归系数变小了，这可能相应说明能耗水平加剧了其交叉作用，提高了城镇人均能源消费碳排放。增加考核政策的年份虚拟变量 dum_polenvass2007 和 dum_polredass2011 之后，SYS-GMM 模型回归系数略微变小了，这可能相应说明考核政策强化了其交叉作用，不利于降低城镇人均能源消费碳排放。可能的原因：市场化水平越高，竞争越激烈，导致"底部竞争"，考核政策的作用相对有限。

　　与土地收入依赖的交叉作用也稳健提高了城镇人均能源消费碳排放。三个模型中，"土地收入占财政决算收入比重"与"城镇人口密度"的交叉项回归系数稳健为正，且均在 1%水平上通过显著性检验。主要基于 SYS-GMM 模型结果进行分析，增加了"单位产值能耗"（l.EN_totalpergdp）后，SYS-GMM 模型回归系数变小了，这可能相应说明能耗水平加剧了其交叉作用，提高了城镇人均能源消费碳排放。增加考核政策的年份虚拟变量 dum_polenvass2007 和 dum_polredass2011 之后，SYS-GMM 模型回归系数基本不变，这可能相应说明考核政策对其交叉作用基本没有影响。可能的原因：考核政策并没有涉及土地收入相关内容。增加"省级审批建设用地面积比重""土地收入占财政决算收入比重"与"城镇人口密度"的交叉项后，SYS-GMM 模型回归系数稳健显著，且略微变小，这正好说明了其交叉作用稳健显著，受到其他土地行为的影响较小。

4.3.2.3　主要控制变量的影响

　　以上验证了城镇人口密度对城镇人均能源消费碳排放具有非线性影响，同时，城镇人口密度与地方政府土地管理行为对城镇人均能源消费碳排放具有交叉性作用。为全面了解城镇人均能源消费碳排放的影响因素，本书进一步分析了能耗水平、城镇化、环保措施等因素的影响。

　　（1）能耗水平显著正向影响城镇人均能源消费碳排放。各模型结果回归系数稳健且显著为正。其中，SYS-GMM 模型结果在 1%或 5%水平上通过显著性检验，回归系数在 0.16~0.25。分别引入交叉项、平方项和地区虚拟变量后，其回归系数仍显著为正，与表 4-4 第（4）结果相比，均变小了，这说明能耗水平的正向影响稳健，但一定程度上也受到土地行为、区位差异、城镇人口密度水平和城镇化发展阶段的影响。

引入"城镇人口比重"滞后两期平方项（l2.lnPU_urban_2）后，其回归系数变为 0.158，减小的幅度最大，这可能反映了条件既定情况下，城镇化发展阶段对能耗水平的影响相对较大。可能的主要原因：城镇化发展阶段对应一定的经济发展、产业结构、节能减排技术和居民消费水平，不同城镇化阶段的结构效应、技术效应、规模效应与收入排放效应的对比关系差异较大。城镇化发展阶段的转换很可能导致城镇化的"减排效应"与"增排效应"的对比发生逆转，从而对城镇人均能源消费碳排放的影响方向发生 180 度的转变。

引入"单位产值能耗"（l.EN_totalpergdp）后，SYS-GMM 模型中因变量滞后一期项（l.lnC_percapenetoturb）的回归系数估计值变得非常小，且变为不显著，这可能说明了城镇人均能源消费碳排放的"路径依赖"很大程度上受到能耗水平的影响。需要说明的是，简便起见，以当年价地区产值为分母，若以 1998 年价计算，其值将更大。但两者计算的结果所反映的能效水平的趋势总体上是一致的，且同一年不同地区之间具有可比性。

（2）城镇人口比重与城镇人均能源消费碳排放呈倒 U 型关系。由表 4-4 的第（13）~（16）可知，城镇化率一次项和二次项的回归系数分别稳健为正和负，表明城镇化率与城镇人均能源消费碳排放呈倒 U 型关系（未取对数的关系也类似，可见图 4-7）：在城镇化率较低时，随着城镇化率的提高，城镇人均能源消费碳排放增加较快；当城镇化到达某一水平后，随着城镇化率增加，城镇人均能源消费碳排放趋于降低，但下降幅度较小。其中，仅 SYS-GMM 模型结果在 1%或 5%水平上通过显著性检验。主要基于 SYS-GMM 模型结果进行分析。

为了稳健起见，以非农人口比重来表征完全城镇化水平，进一步观察发现（见图 4-8），结果基本一致，这进一步说明城镇化与城镇人均能源消费碳排放的倒 U 型关系是稳健的。略有不同的是，非农人口比重与城镇人均能源消费碳排放的倒 U 型曲线更加陡峭且紧凑，这或许说明完全城镇化将更加有利于拐点值较早到来。

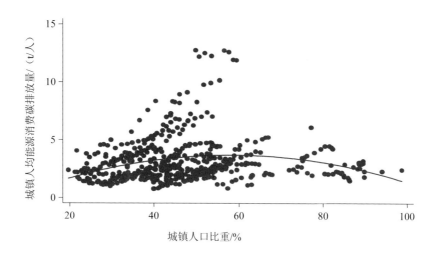

图 4-7　城镇人口比重与城镇人均能源消费碳排放量关系

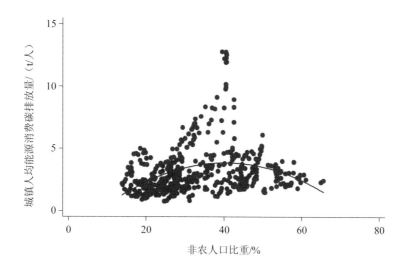

图 4-8　非农人口比重与城镇人均能源消费碳排放量关系

　　另外，考虑非农人口比重一定程度上反映了户籍政策的宽松程度，引入非农人口比重与城镇人口密度的交叉项，用计量方法来考察与城镇人口密度的交叉作用。值得注意的是，POLS 模型和 FE 模型结果中的交叉项回归系数稳健为负，其中 FE

模型结果多数通过显著性检验；而 SYS-GMM 模型结果的回归系数稳健为正，但都未通过显著性检验。这说明其交叉作用很可能受到"路径依赖"的显著负向影响。

城镇化率拐点值为 50%左右，样本城镇化率总体上接近拐点值。根据 SYS-GMM 模型结果计算可知，其城镇化率拐点值约为 46.4%，剔除"单位产值能耗"（l.EN_totalpergdp）后，其拐点值增加为 49.5%。这很可能说明了能耗水平对其拐点值的到来具有"延迟作用"。样本的城镇人口比重、非农人口比重平均值分别为 47.40%、33.45%，总体上处于拐点值附近偏左的位置。

需要说明的是，由于统计尺度和样本范围（不含西藏、港澳台）的差异，本书样本范围内省级尺度城镇化率平均值与全国尺度城镇化率平均值存在一定差异。据官方公布的数据可知，全国的城镇化率（即常住人口城镇化率）早在 2011 年就超过 50%（51.27%）。根据 2011 年样本数据可知，城镇化率平均值为 53.15%，略高于全国平均水平，基本一致。西藏城镇化率全国最低，2014 年仅为 25.8%，比全国、西部平均水平分别低约 30 个和 20 个百分点（史云峰，2016），因此若把西藏考虑进来，样本平均值会被"拉低"，与全国城镇化率的平均水平是一致的。

（3）不同的环保措施对城镇人均能源消费碳排放具有差异性影响。结果表明，环境管理分权正向影响城镇人均能源消费碳排放。POLS 模型和 SYS-GMM 模型结果中的回归系数稳健为正，且绝大多数通过显著性检验，仅剔除城镇人口密度滞后两期的平方项时，SYS-GMM 模型的回归结果不显著。但是 FE 模型的结果正好相反，回归系数稳健为负，且多数结果显著或边际显著，这可能说明环境管理分权的正向作用不够稳健，还受到碳排放"路径依赖"的显著影响。

而环境上访对城镇人均能源消费碳排放具有较为稳健的负向影响。根据回归结果可知，环境上访批次的回归系数稳健为负，且相对显著，这说明广泛的社会民众对环保的监督和参与，对地方政府形成巨大压力，推动地方节能减排，从而有利于促进城镇人均能源碳排放的降低。SYS-GMM 模型中，剔除环境考核政策的年份虚拟变量后，环境上访批次的回归系数绝对值变大，且变得显著，这说明考核政策有利于增强环境上访对城镇人均能源消费碳排放的负向影响。

另外，环保考核政策对城镇人均能源碳排放的积极作用并未有效发挥。三个模型中，节能减排考核政策回归系数稳健为正，且在 1%或 5%水平上显著；"温控"考核政策回归系数有正有负，且均不显著。考核政策尽管可能对环境改善起到一定作用，但在城镇化快速发展的背景下，未能有效扭转原有高碳城镇化路径，对城镇碳排放的抑制作用并未有效发挥出来。

（4）不同维度发展水平指标对城镇人均能源消费碳排放具有差异性影响。经济发展水平总体上提高了城镇人均能源消费碳排放。三个模型的结果总体上稳健为正，但在 SYS-GMM 模型中，剔除"单位产值能耗"（l.EN_totalpergdp），其回归系数由正变负，且多数显著，这说明人均产值对城镇人均能源消费碳排放的影响不够稳健，受能耗水平的影响较大。

工业发展水平显著提高了城镇人均能源消费碳排放。三个模型的结果稳健为正，且绝大多数都通过了显著性检验。这说明样本期间工业化助推了城镇人均能源消费碳排放，对外开放水平有效降低了城镇人均能源消费碳排放，三个模型的结果总体为负，且多数都通过了显著性检验。这说明样本期间扩大对外开放，引入更多外资有利于降低城镇人均能源消费碳排放。值得注意的是，在 FE 模型中同时引入土地行为与城镇人口密度的交叉项后发现，外商直接投资占比回归系数由负变正，但未通过显著性检验。这说明，对外开放水平对碳排放的影响还受到地方政府土地管理行为与城镇人口密度交叉作用的影响。

（5）城镇人均能源消费碳排放具有地区差异。由 SYS-GMM 模型结果可知，东部和西部虚拟变量回归系数分别为负和正［见表 4-4 第（17）～（25）列］，但未通过显著性检验。这可能表明，与其他地区相比，东部城镇人均能源消费碳排放较低，而西部排放较高。

需指出的是，POLS 模型结果均通过显著性检验，不过东部虚拟变量回归系数为正，与 SYS-GMM 模型结果正好相反。进一步分析样本数据可知，东部城镇人均能源消费碳排放的平均值最低（2.79 t/人），中部居中（2.87 t/人），西部最高（3.69 t/人），这佐证了 SYS-GMM 模型结果是相对可靠的。而东部、中部和西部样本标准差分别为 1.27、1.42 和 2.63，大小次序与排放水平排序一致，这可能正是 SYS-GMM 模型结果不显著的原因。

4.4　稳健性检验

综上所述，回归结果表明，总体上城镇人口密度对城镇人均能源消费碳排放影响显著，并且受到地方政府土地管理行为的影响。一方面，建成区的扩张土地来源，既包括新增建设用地，还包括存量建设用地，故进一步考察增量情况下的影响；另一方面，城镇能源消费碳排放具有不同的指标形式，不仅包括人均指标，还包括地均指标和总量指标，故进一步考察对这两个指标的影响。此外，还考虑到发展阶段、地区差异。故本书重点从以下四个方面分别进行阐述。

4.4.1 对增量情况的检验

（1）对城镇人口密度影响的考察。首先，为了考察增量情况下的影响，对三个核心解释变量进行了更新，具体包括：其一，"省级政府审批新增建设用地面积比重（%）"（LG2_newareproper），即省级政府审批新增建设用地面积/各省区市批准新增建设用地总面积×100。其二，"招拍挂出让新增面积占土地出让新增面积比重（%）"（zpg_gqxzper2），即来源为新增建设用地的招拍挂出让面积/来源为新增建设用地的出让总面积×100。其三，"新增建设用地出让收入占财政决算收入比重（%）"（LG4_grantxzfin），即来源为新增建设用地的土地出让收入/财政决算收入×100。由于很难获取土地相关的各类税收来自存量和增量供应的准确分配比例，而且土地出让收入是土地收入的主要来源之一，因此，暂时仅考虑新增建设用地出让收入。由于《中国国土资源统计年鉴》中仅有新增建设用地的面积，没有对应的出让价款数据，因此根据"（新增建设用地出让面积/土地出让总面积）×土地出让总价款"来估算新增建设用地出让收入。

考虑《中国国土资源统计年鉴》和《中国国土资源年鉴》上相关新增指标数据从 2003 年才开始统计，且与原样本时段对应，故选取 2003—2014 年的指标数据进行模型回归。更新后模型回归结果与原模型回归结果基本一致，与原模型回归结果相比，也存在不一致的地方，主要体现为："省级政府审批新增建设用地面积比重"的回归结果系数有正有负；其中，SYS-GMM 模型回归结果稳健为负，但均没有通过显著性检验。

接下来，主要针对回归结果不太一致的指标，进一步考察其指标在增量情况下的影响。于是，构建了"省级政府审批存量建设用地面积比重（%）"（LG2_stoconsper），即省级政府审批存量建设用地面积/各省区市批准存量建设用地总面积×100。在保持其他变量不变的情况下，再次进行了回归。其回归系数稳健为负，在 FE_r 模型中均通过显著性检验。

本书选取的城镇人口密度指标为"城镇常住人口/建成区面积"。而建成区面积来源不仅包括新增建设用地，还包括部分存量建设用地。省级政府建设用地审批对城镇人口密度的影响，体现在增量和存量建设用地审批对建成区扩张的综合影响，这也在一定程度上说明，省级政府审批面积比重的影响相对稳健。单独针对增量和存量的回归结果，总体的影响方向是一致的，但总体没有通过显著性检验（见表 4-6 和表 4-7）。这也可能说明，综合考虑总体情况下的影响（包括存量和增量），相对更为合适。

（2）对城镇能源碳排放影响的考察。以上考察了更新指标对城镇人口密度影响，根据这些更新后的指标，进一步考察更新后的指标对城镇人均能源消费碳排放的影响。更新后模型回归结果与原模型回归结果，在回归系数方面和显著性方面高度一致见表 4-8。

另外，根据中国土地市场网数据①，以 2014 年为例，进一步考察增量和存量建设用地供应后的用途。来源为"现有建设用地"的土地供应后的用途主要为工矿仓储、交通、住宅用地，其中工矿仓储、交通占 70%左右，出让方式的比重接近 80%。来源为"新增建设用地"②的土地供应后的用途为工矿仓储、交通、住宅用地（能源碳排放的主要方面）的比重，与之相当（60%～70%）。从用途初步看出，存量用地供应对碳排放具有正向影响，与新增建设用地对碳排放影响的总体方向是一致的。这可能是模型回归结果一致的主要原因。2014 年国有建设用地供应结构概况见表 4-9。

---

① 《中国国土资源统计年鉴》和《中国国土资源年鉴》缺少分省的土地用途等信息，故采用中国土地市场网供应数据。同时，中国土地市场网整理的供应、出让面积比《中国国土资源统计年鉴 2015》的数据分别多了 1.58%和 1.32%，由此可见总体偏差不大，对总体判断的影响不大。

② 在中国土地市场网（http://www.landchina.com/）上，土地来源包括现有建设用地、新增建设用地和新增建设用地（来自存量库）。当年报批的农用地和未利用地转用的土地，在当年就供应出去的，其"土地来源"表述为"新增建设用地"。由于企业融资、前期手续、经济波动等问题，当年报批转用的土地，在当年并非全部供应出去，一般要到第二年或者年底，当年报批且供应出去的面积占当年报批面积比重有时并不高（如有的地方约为 60%），这样就形成了"存量库"的情况。其"土地来源"为"新增建设用地（来自存量库）"。另外，国土资源部早在 2008 年就面向县级以及以上各级国土资源管理部门开始部署运行"土地市场动态监测与监管系统"，而中国土地市场网是面向全社会的。后者公布的数据，是中国土地供应数据可以被公开获取的最为详细的数据，近年来被越来越多的学者所采用。但由于数据采集、整理等过程方法的差异，数据结果也会略有差异。

表4-6　对城镇人口密度回归结果（增量情况下）

变量代码	(1) POLS_r	(2) FE_r	(3) SYS-GMM	(4) POLS_r	(5) FE_r	(6) SYS-GMM	(7) POLS_r	(8) FE_r	(9) SYS-GMM
l2.lnLG2_newareproper	0.026	0.004	-0.001	0.029	0.002	-0.007	0.026	0.003	-0.001
	(0.850)	(0.380)	(-0.08)	(0.940)	(0.180)	(-0.49)	(0.850)	(0.340)	(-0.06)
l2.lnzpg_gqxzper2	0.018	-0.013	-0.016*	0.018	-0.013	-0.013	0.023#	-0.015	-0.026
	(1.250)	(-0.91)	(-1.70)	(1.230)	(-0.93)	(-1.39)	(1.510)	(-0.99)	(-1.43)
l2.lnLG4_grantxzfinm	-0.033**	-0.011**	-0.013**	-0.034**	-0.011**	-0.011**	-0.034**	-0.011**	-0.013**
	(-2.44)	(-2.37)	(-2.53)	(-2.44)	(-2.42)	(-2.38)	(-2.47)	(-2.41)	(-2.34)
l2.lnPU_nonagr	-0.585***	-0.131	0.008	-0.575***	-0.134#	-0.012	-0.561***	-0.142#	0.007
	(-10.15)	(-1.47)	(0.140)	(-9.94)	(-1.49)	(-0.21)	(-9.39)	(-1.62)	(0.090)
l2.lngdp_percap98ma	0.004	-0.107#	-0.022	-0.005	-0.096	-0.005	-0.032	-0.092	0.030
	(0.080)	(-1.53)	(-0.52)	(-0.11)	(-1.31)	(-0.12)	(-0.55)	(-1.15)	(0.360)
l2.lngdp_indper	-0.040	-0.161	0.004	-0.041	-0.163	0.015	-0.037	-0.172	-0.027
	(-1.08)	(-1.34)	(0.040)	(-1.08)	(-1.36)	(0.150)	(-1.01)	(-1.39)	(-0.28)
l2.lnFDI_gdpper1	0.187***	-0.020	0.017	0.187***	-0.019	0.016	0.175***	-0.018	0.014
	(7.950)	(-0.70)	(0.650)	(7.900)	(-0.67)	(0.580)	(7.700)	(-0.65)	(0.510)
l.lnLU_urbanpopdensity			0.472***			0.481***			0.457***
			(6.640)			(6.570)			(4.960)

变量代码	（1）POLS_r	（2）FE_r	（3）SYS-GMM	（4）POLS_r	（5）FE_r	（6）SYS-GMM	（7）POLS_r	（8）FE_r	（9）SYS-GMM
l2.lnLG51				0.007	-0.006	-0.017**			
				（0.550）	（-1.03）	（-2.17）			
l.lnFIN_bugetself							0.056	-0.049	-0.157
							（0.990）	（-0.76）	（-0.94）
constant	11.568***	11.828***	5.351***	11.590***	11.770***	5.218***	11.581***	11.967***	5.804***
	（36.940）	（25.760）	（8.620）	（36.800）	（24.460）	（7.950）	（36.650）	（28.020）	（5.480）
N	300	300	300	300	300	300	300	300	300
r^2	0.459	0.322		0.459	0.325		0.461	0.325	
r^2_a	0.446	0.305		0.445	0.306		0.447	0.306	
Hausman test, Prob>chi2		0.006			0.007 4			0.007 8	
AR（1），Pr>z			0.075			0.075			0.076
AR（2），Pr>z			0.341			0.321			0.349
Hansen test, Prob>chi2			1.000			0.996			0.999
Number of instruments			54.000			55.000			55.000
Wald			287.510			568.910			302.360

续表

变量代码	(10) POLS_r	(11) FE_r	(12) SYS-GMM	(13) POLS_r	(14) FE_r	(15) SYS-GMM	(16) POLS_r	(17) FE_r	(18) SYS-GMM
l2.lnLG2_newareproper	0.026	0.004	−0.001	0.026	0.004	0.000	0.026	0.006	0.000
	(0.840)	(0.380)	(−0.05)	(0.830)	(0.400)	(−0.01)	(0.840)	(0.600)	(−0.01)
l2.lnzpg_gqxzper2	0.017	−0.013	−0.019*	0.022	−0.014	−0.020*	0.018	−0.014	−0.015#
	(1.170)	(−0.91)	(−1.76)	(1.340)	(−0.98)	(−1.71)	(1.240)	(−1.00)	(−1.64)
l2.lnLG4_grantxzfinm	−0.038***	−0.011**	−0.017*	−0.033**	−0.010*	−0.009**	−0.033**	−0.009*	−0.011**
	(−2.78)	(−2.37)	(−1.86)	(−2.44)	(−1.84)	(−2.21)	(−2.33)	(−1.76)	(−2.11)
l2.lnPU_nonagr	−0.612***	−0.131	0.000	−0.585***	−0.135#	0.022	−0.585***	−0.127	0.011
	(−10.64)	(−1.47)	(−0.01)	(−10.13)	(−1.50)	(0.350)	(−10.11)	(−1.45)	(0.200)
l2.lngdp_percap98ma	0.032	−0.107#	0.019	0.007	−0.118*	−0.047	0.004	−0.081	−0.023
	(0.590)	(−1.53)	(0.270)	(0.150)	(−1.76)	(−1.22)	(0.080)	(−1.06)	(−0.52)
l2.lngdp_indper	−0.066#	−0.161	−0.045	−0.038	−0.162	−0.036	−0.039	−0.189#	0.008
	(−1.61)	(−1.34)	(−0.54)	(−1.03)	(−1.34)	(−0.50)	(−1.07)	(−1.51)	(0.070)
l2.lnFDI_gdpper1	0.175***	−0.020	0.011	0.186***	−0.021	0.022	0.187***	−0.020	0.018
	(7.970)	(−0.70)	(0.610)	(7.930)	(−0.72)	(0.940)	(7.770)	(−0.70)	(0.640)
dum_areathreast	−0.052#	.	−0.206**						
	(−1.52)		(−2.02)						
dum_areathrwest	−0.073***	.	−0.110						
	(−2.72)		(−1.05)						

变量代码	(10) POLS_r	(11) FE_r	(12) SYS-GMM	(13) POLS_r	(14) FE_r	(15) SYS-GMM	(16) POLS_r	(17) FE_r	(18) SYS-GMM
l.lnLU_urbanpopdensity			0.500*** (5.500)			0.490*** (8.300)			0.468*** (6.710)
DUM2007				−0.015 (−0.44)	0.008 (0.570)	0.029 (0.940)			
DUM2014							0.001 (0.030)	−0.032** (−2.23)	−0.014# (−1.58)
constant	11.588*** (31.660)	11.828*** (25.760)	5.074*** (7.960)	11.535*** (36.580)	11.933*** (24.440)	5.488*** (8.160)	11.570*** (36.450)	11.673*** (24.230)	5.367*** (8.510)
N	300	300	300	300	300	300	300	300	300
r^2	0.471	0.322		0.459	0.322		0.459	0.33	
r^2_a	0.454	0.305		0.444	0.304		0.444	0.312	
Hausman test, Prob>chi2		0.016			0.006			0.006	
AR (1), Pr>z			0.072			0.094			0.076
AR (2), Pr>z			0.336			0.346			0.343
Hansen test, Prob>chi2			1.000			1.000			0.997
Number of instruments			54.000			55.000			46.000
Wald			397.850			606.510			286.440

表4-7 对城镇人口密度回归结果（存量情况下）

变量代码	(1) POLS_r	(2) FE_r	(3) SYS-GMM	(4) POLS_r	(5) FE_r	(6) SYS-GMM	(7) POLS_r	(8) FE_r	(9) SYS-GMM
l2.lnLG2_stoconsper	-0.011 (-0.45)	-0.012 (-1.46)	-0.002 (-0.29)	-0.010 (-0.40)	-0.013 (-1.46)	-0.004 (-0.57)	-0.010 (-0.41)	-0.012 (-1.47)	-0.002 (-0.28)
l2.lnzpg_gqxzper2	0.016 (1.090)	-0.014 (-0.96)	-0.016* (-1.76)	0.015 (1.070)	-0.014 (-0.97)	-0.012 (-1.40)	0.020 (1.320)	-0.016 (-1.02)	-0.026# (-1.49)
l2.lnLG4_grantxzfinm	-0.033** (-2.45)	-0.013** (-2.60)	-0.013** (-2.55)	-0.034** (-2.44)	-0.013** (-2.64)	-0.011** (-2.40)	-0.034** (-2.48)	-0.013** (-2.64)	-0.013** (-2.35)
l2.lnPU_nonagr	-0.586*** (-10.21)	-0.129 (-1.47)	0.008 (0.140)	-0.579*** (-10.08)	-0.132# (-1.49)	-0.012 (-0.20)	-0.563*** (-9.36)	-0.140# (-1.62)	0.006 (0.080)
l2.lngdp_percap98ma	0.009 (0.200)	-0.103 (-1.48)	-0.021 (-0.50)	0.003 (0.060)	-0.091 (-1.22)	-0.006 (-0.13)	-0.027 (-0.44)	-0.089 (-1.11)	0.031 (0.370)
l2.lngdp_indper	-0.034 (-0.87)	-0.158 (-1.31)	0.004 (0.040)	-0.035 (-0.87)	-0.162 (-1.35)	0.012 (0.130)	-0.031 (-0.82)	-0.169 (-1.36)	-0.026 (-0.28)
l2.lnFDI_gdpper1	0.191*** (8.320)	-0.021 (-0.72)	0.017 (0.630)	0.191*** (8.270)	-0.019 (-0.67)	0.015 (0.560)	0.180*** (7.900)	-0.019 (-0.66)	0.014 (0.500)
l.lnLU_urbanpopdensity			0.473*** (6.240)			0.478*** (6.150)			0.458*** (4.730)

变量代码	(1) POLS_r	(2) FE_r	(3) SYS-GMM	(4) POLS_r	(5) FE_r	(6) SYS-GMM	(7) POLS_r	(8) FE_r	(9) SYS-GMM
l2.lnLG51				0.005 (0.380)	-0.007 (-1.10)	-0.017** (-2.21)			
l.lnFIN_bugetself							0.055 (0.960)	-0.046 (-0.73)	-0.156 (-0.95)
constant	11.665*** (39.720)	11.848*** (26.830)	5.348*** (8.180)	11.684*** (39.860)	11.778*** (25.140)	5.236*** (7.580)	11.675*** (39.690)	11.977*** (29.380)	5.796*** (5.250)
N	300	300	300	300	300	300	300	300	300
r^2	0.458	0.327		0.458	0.33		0.461	0.329	
r^2_a	0.445	0.31		0.443	0.312		0.446	0.311	
Hausman test, Prob>chi2		0.008			0.011 3			0.011 5	
AR (1), Pr>z			0.073			0.076			0.075
AR (2), Pr>z			0.343			0.322			0.352
Hansen test, Prob>chi2			0.999			0.995			0.999
Number of instruments			54.000			55.000			55.000
Wald			346.630			527.340			376.840

续表

变量代码	(10) POLS_r	(11) FE_r	(12) SYS-GMM	(13) POLS_r	(14) FE_r	(15) SYS-GMM	(16) POLS_r	(17) FE_r	(18) SYS-GMM
l2.lnLG2_stoconsper	-0.009 (-0.41)	-0.012 (-1.46)	-0.004 (-0.56)	-0.012 (-0.45)	-0.012# (-1.49)	-0.001 (-0.23)	-0.011 (-0.45)	-0.010 (-1.32)	-0.001 (-0.16)
l2.lnzpg_gqxzper2	0.015 (1.010)	-0.014 (-0.96)	-0.020* (-1.78)	0.020 (1.220)	-0.014 (-1.01)	-0.021* (-1.78)	0.015 (1.070)	-0.015 (-1.04)	-0.015* (-1.71)
l2.lnLG4_grantxzfinm	-0.038*** (-2.79)	-0.013*** (-2.60)	-0.017* (-1.80)	-0.033** (-2.45)	-0.012** (-2.17)	-0.009*** (-2.17)	-0.034** (-2.35)	-0.010** (-2.08)	-0.011*** (-2.05)
l2.lnPU_nonagr	-0.613*** (-10.70)	-0.129 (-1.47)	-0.001 (-0.01)	-0.586*** (-10.19)	-0.132# (-1.49)	0.022 (0.350)	-0.586*** (-10.17)	-0.126 (-1.45)	0.011 (0.200)
l2.lngdp_percap98ma	0.036 (0.670)	-0.103 (-1.48)	0.022 (0.290)	0.012 (0.270)	-0.111# (-1.67)	-0.047 (-1.22)	0.009 (0.190)	-0.081 (-1.07)	-0.023 (-0.54)
l2.lngdp_indper	-0.060 (-1.42)	-0.158 (-1.31)	-0.045 (-0.55)	-0.031 (-0.80)	-0.159 (-1.32)	-0.035 (-0.52)	-0.033 (-0.85)	-0.182 (-1.47)	0.009 (0.080)
l2.lnFDI_gdpper1	0.179*** (8.120)	-0.021 (-0.72)	0.010 (0.580)	0.190*** (8.310)	-0.021 (-0.73)	0.022 (0.930)	0.191*** (8.090)	-0.021 (-0.72)	0.018 (0.640)
dum_areathreast	-0.051# (-1.50)		-0.213* (-1.90)						
dum_areathrwest	-0.073*** (-2.72)		-0.113 (-1.12)						

变量代码	(10) POLS_r	(11) FE_r	(12) SYS-GMM	(13) POLS_r	(14) FE_r	(15) SYS-GMM	(16) POLS_r	(17) FE_r	(18) SYS-GMM
l.lnLU_urbanpopdensity			0.500*** (5.310)			0.490*** (7.810)			0.468*** (6.470)
DUM2007				-0.017 (-0.49)	0.006 (0.460)	0.029 (0.940)			
DUM2014							0.004 (0.110)	-0.028** (-2.23)	-0.014# (-1.60)
constant	11.681*** (34.330)	11.848*** (26.830)	5.072*** (7.690)	11.627*** (39.580)	11.927*** (25.510)	5.484*** (7.700)	11.670*** (39.140)	11.715*** (25.350)	5.372*** (8.350)
N	300	300	300	300	300	300	300	300	300
r^2	0.47	0.327		0.458	0.327		0.458	0.333	
r^2_a	0.453	0.31		0.444	0.308		0.443	0.315	
Hausman test, Prob>chi2		0.022			0.008			0.008	
AR (1), Pr>z			0.071			0.091			0.076
AR (2), Pr>z			0.334			0.351			0.344
Hansen test, Prob>chi2			1.000			1.000			0.975
Number of instruments			54.000			55.000			46.000
Wald			483.700			624.060			404.080

表 4-8　对城镇人均能源消费碳排放回归结果（增量情况下）

更新后 变量代码	(1) POLS_r	(2) FE_r	(3) SYS-GMM_r	(4) SYS-GMM_r	(5) POLS_r	(6) FE_r	(7) SYS-GMM_r	(8) SYS-GMM_r
lnLU_urbanpopdensity	-0.551***	-0.438**	-0.562**	-0.473***	-0.590***	-0.431**	-0.360**	-0.392***
	(-6.42)	(-2.37)	(-2.12)	(-2.97)	(-6.31)	(-2.29)	(-2.26)	(-3.20)
lnED_persongdp	0.496***	-0.221**	0.181	0.256#	0.530***	-0.154*	0.380**	0.358*
	(9.660)	(-2.18)	(1.140)	(1.460)	(9.510)	(-1.92)	(2.010)	(1.680)
l2.lnPU_urban	-0.170	0.403*	0.280	-0.396	-0.228	0.095	-0.313	-0.558
	(-1.01)	(1.750)	(0.880)	(-0.97)	(-1.22)	(0.310)	(-0.85)	(-1.45)
l2.lngdp_percap98ma	0.181*	0.356**	-0.178	0.378*	0.222**	0.340**	-0.097	0.321#
	(1.830)	(2.740)	(-1.02)	(1.700)	(2.250)	(2.530)	(-0.43)	(1.560)
l2.lngdp_indper	0.638***	0.332**	0.673***	0.540***	0.654***	0.345**	0.711***	0.666***
	(8.680)	(2.190)	(3.250)	(3.390)	(8.630)	(2.440)	(3.470)	(4.000)
l2.lnFDI_gdpper1	-0.292***	0.011	-0.114*	-0.072	-0.259***	-0.024	-0.175**	-0.109#
	(-8.54)	(0.290)	(-1.69)	(-1.02)	(-7.13)	(-0.81)	(-2.73)	(-1.62)
l.lnC_percapenetoturb			0.401***	0.035			0.479***	0.089
			(2.980)	(0.280)			(4.180)	(0.730)
l.EN_totalpergdp				0.223***				0.191***
				(3.470)				(3.200)

更新后 变量代码	(1) POLS_r	(2) FE_r	(3) SYS-GMM_r	(4) SYS-GMM_r	(5) POLS_r	(6) FE_r	(7) SYS-GMM_r	(8) SYS-GMM_r
l2.lnLG4_grantxzfinm× lnLU_urbanpopdensity					0.000 (0.130)	0.001 (1.010)	0.004** (2.540)	0.003** (2.520)
l2.lnPU_nonagr×lnLU_urbanpopdensity					−0.016# (−1.57)	−0.008 (−0.71)	0.014 (0.930)	0.003 (−0.22)
constant	3.567*** (3.430)	0.568 (−0.24)	4.381* (1.750)	1.240 (0.710)	4.288*** (3.620)	0.951 (0.410)	3.254# (1.570)	1.228 (0.600)
N	360.000	360.000	360.000	360.000	300.000	300.000	300.000	300.000
r^2	0.598	0.651			0.627	0.586		
r^2_a	0.591	0.645			0.616	0.574		
Hausman test, Prob>chi2		0.000				0.000		
AR (1), Pr>z			0.001	0.001			0.006	0.000
AR (2), Pr>z			0.777	0.69			0.525	0.864
Hansen test, Prob>chi2			1.000	1.000			0.999	0.991
Number of instruments			67.000	68.000			55.000	56.000
Wald			218.100	200.520			273.130	200.530

续表

更新后 变量代码	(9) POLS_r	(10) FE_r	(11) SYS-GMM_r	(12) SYS-GMM_r	(13) POLS_r	(14) FE_r	(15) SYS-GMM_r	(16) SYS-GMM_r
lnLU_urbanpopdensity	-33.765***	-22.308***	-44.092***	-35.348***	-0.559***	-0.431**	-0.521**	-0.460***
	(-8.86)	(-4.19)	(-4.07)	(-3.70)	(-6.65)	(-2.19)	(-2.30)	(-3.01)
lnLU_urbanpopdensity_2	1.721***	1.124***	2.240***	1.791***				
	(8.640)	(4.110)	(4.060)	(3.670)				
lnED_persongdp	0.586***	-0.073	0.259#	0.272	0.502***	-0.216**	0.256#	0.290
	(11.040)	(-0.76)	(1.500)	(1.390)	(10.060)	(-2.08)	(1.450)	(1.430)
l2.lnPU_urban	-0.254#	0.364	0.195	-0.121	-0.765	-0.055	10.525***	6.435**
	(-1.52)	(1.210)	(0.560)	(-0.34)	(-0.56)	(-0.04)	(4.480)	(1.980)
l2.lnPU_urban_2					0.078	0.065	-1.449***	-0.947**
					(0.450)	(0.340)	(-4.21)	(-2.06)
l2.lngdp_percap98ma	0.266***	0.232**	-0.263	0.107	0.169*	0.346***	0.223	0.538***
	(3.020)	(2.180)	(-1.35)	(0.520)	(1.650)	(2.810)	(1.250)	(2.720)
l2.lngdp_indper	0.710***	0.286***	0.647***	0.623***	0.651***	0.336**	0.469**	0.430**
	(10.060)	(3.170)	(4.600)	(4.590)	(8.130)	(2.190)	(2.020)	(2.350)
l2.lnFDI_gdpper1	-0.190***	-0.014	-0.082	-0.049	-0.288***	0.012	-0.087	-0.061
	(-5.98)	(-0.45)	(-1.40)	(-0.81)	(-8.32)	(0.330)	(-1.34)	(-0.92)
l.lnC_percapenetoturb			0.347***	0.071			0.350***	0.061
			(3.710)	(0.590)			(2.680)	(0.470)

更新后

变量代码	（9）POLS_r	（10）FE_r	（11）SYS-GMM_r	（12）SYS-GMM_r	（13）POLS_r	（14）FE_r	（15）SYS-GMM_r	（16）SYS-GMM_r
l.EN_totalpergdp				0.147** （2.480）				0.186*** （2.640）
l2.lnLG4_grantxzfinm×lnLU_urbanpopdensity	0.000 （0.130）	0.001 （0.910）	0.003** （2.400）	0.002** （2.470）				
l2.lnPU_nonagr×lnLU_urbanpopdensity	−0.017* （−1.92）	−0.008 （−0.79）	0.012 （0.740）	0.000 （−0.01）				
constant	163.532*** （9.040）	107.495*** （4.130）	216.432*** （4.090）	172.121*** （3.690）	4.822* （1.690）	0.227 （0.090）	−16.697*** （−4.06）	−12.025** （−2.16）
N	300	300	300	300	360	360	360	360
r^2	0.694	0.659			0.598	0.651		
r^2_a	0.685	0.648			0.59	0.644		
Hausman test，Prob＞chi2		0.000				0.000		
AR（1），Pr＞z			0.008	0.001			0.001	0.001
AR（2），Pr＞z			0.324	0.366			0.653	0.958
Hansen test，Prob＞chi2			0.98	0.987			1.000	1.000
Number of instruments			56	57			68	69
Wald			251.320	234.520			186.390	302.240

续表

更新后变量代码	(17) POLS_r	(18) FE_r	(19) SYS-GMM_r	(20) POLS_r	(21) FE_r	(22) SYS-GMM_r	(23) POLS_r	(24) FE_r	(25) SYS-GMM_r
lnLU_urbanpopdensity	-19.650***	-11.646**	-11.628**	-5.448*	-11.326***	-7.758*	-20.481***	-12.983***	-10.862**
	(-5.320)	(-2.530)	(-2.140)	(-1.810)	(-3.570)	(-1.780)	(-5.580)	(-3.170)	(-2.410)
lnLU_urbanpopdensity_2	0.984***	0.569**	0.581**	0.264*	0.560***	0.379*	1.027***	0.640***	0.543**
	(5.130)	(2.420)	(2.110)	(1.700)	(3.490)	(1.720)	(5.380)	(3.070)	(2.380)
lnED_persongdp	0.632***	-0.111	0.117	0.299***	-0.038	0.214	0.629***	-0.092	0.216
	(11.210)	(-1.07)	(0.620)	(7.810)	(-0.39)	(1.190)	(11.080)	(-0.93)	(1.160)
l2.lnPU_urban	-0.064	0.378#	0.607*	-0.719***	0.053	0.208	-0.083	0.167	0.452*
	(-0.42)	(1.480)	(2.410)	(-6.53)	(0.270)	(0.760)	(-0.55)	(0.630)	(1.880)
l2.lngdp_percap98ma	0.110	0.210*	-0.030	0.630***	0.409***	0.062	0.075	0.121	-0.138
	(1.060)	(1.730)	(-0.22)	(9.160)	(4.550)	(0.490)	(0.710)	(1.020)	(-0.90)
l2.lngdp_indper	0.823***	0.291**	0.322**	0.363***	0.160#	0.323**	0.843***	0.302**	0.436***
	(12.820)	(2.520)	(2.150)	(5.550)	(1.670)	(2.360)	(13.030)	(2.520)	(3.060)
l2.lnFDI_gdpper1	-0.129***	0.015	-0.026	-0.018	0.025	-0.096*	-0.110**	0.018	-0.022
	(-3.05)	(0.430)	(-0.52)	(-0.68)	(0.850)	(-1.89)	(-2.55)	(0.500)	(-0.46)
l1.lnENV_visbat	-0.057***	-0.028**	-0.007	0.006	-0.020**	0.007	-0.057***	-0.015	-0.004
	(-3.91)	(-2.35)	(-0.89)	(0.500)	(-2.35)	(0.990)	(-3.89)	(-1.33)	(-0.67)

更新后

变量代码	（17）POLS_r	（18）FE_r	（19）SYS-GMM_r	（20）POLS_r	（21）FE_r	（22）SYS-GMM_r	（23）POLS_r	（24）FE_r	（25）SYS-GMM_r
l2.lnLG2_newareproper×lnLU_urbanpopdensity	0.001 (0.190)	0.000 (−0.15)	0.000 (0.270)	0.000 (−0.08)	0.000 (−0.20)	0.001 (0.370)	0.001 (0.350)	0.000 (0.180)	0.001 (0.520)
l2.lnzpg_gqxzper2m×lnLU_urbanpopdensity	0.010*** (4.980)	0.004** (2.390)	0.004* (1.850)	0.008*** (5.390)	0.001 (0.890)	0.004*** (3.100)	0.008*** (2.630)	0.000 (−0.29)	0.001 (0.840)
l2.lnLG4_grantxzfinm×lnLU_urbanpopdensity	0.001 (0.390)	0.001 (1.280)	0.000 (0.160)	0.000 (−0.13)	0.001 (0.730)	0.002* (1.830)	−0.001 (−0.75)	0.002** (2.190)	0.000 (0.010)
l2.lnPU_nonagr×lnLU_urbanpopdensity	−0.022*** (−2.62)	−0.005 (−0.33)	−0.014 (−0.89)	−0.007 (−0.98)	−0.011 (−0.79)	−0.021 (−1.37)	−0.022*** (−2.63)	0.000 (−0.02)	−0.009 (−0.66)
dum_areathreast	0.141** (2.570)		−0.514** (−2.28)				0.157*** (2.840)		−0.345 (−1.40)
dum_areathrwest	0.252*** (5.120)		0.302 (0.960)				0.244*** (−4.870)		0.313 (1.120)
l.lnC_percapenetoturb			0.242** (2.040)			0.130 (1.030)			0.207* (1.860)
l.EN_totalpergdp				0.206*** (12.450)	0.157*** (3.480)	0.153*** (3.140)		0.132*** (5.470)	
dum_polenvass2007							0.010 (0.200)		0.066* (1.900)

更新后 变量代码	（17） POLS_r	（18） FE_r	（19） SYS-GMM_r	（20） POLS_r	（21） FE_r	（22） SYS-GMM_r	（23） POLS_r	（24） FE_r	（25） SYS-GMM_r
dum_polredass2011							0.089**	0.029	0.065**
							(2.340)	(0.970)	(2.090)
constant	96.112***	56.329**	56.225**	24.251#	53.753***	38.080*	100.428***	63.909***	53.347**
	(5.400)	(2.500)	(2.060)	(1.650)	(3.440)	(1.740)	(5.680)	(3.180)	(2.330)
N	360	360	360	360	360	360	360	360	360
r^2	0.753	0.701		0.839	0.756		0.757	0.720	
r^2_a	0.743	0.690		0.833	0.747		0.745	0.709	
Hausman test, Prob>chi2		0.000			0.001			0.000	
AR (1), Pr>z			0.026			0.012			0.027
AR (2), Pr>z			0.174			0.142			0.260
Hansen test, Prob>chi2			1.000			1.000			1.000
Number of instruments			69.000			70.000			71.000
Wald			1 041.960			659.920			1 440.940

表 4-9　国有建设用地供应结构概况（2014 年）

项目	供应总量		出让供应	
	面积/hm²	比重/%	面积/hm²	比重/%
小计	658 228.830	100.000	281 009.710	100.000
#现有建设用地	61 962.210	9.410	47 169.410	16.790
工矿仓储、交通	20 086.350	32.420	17 447.700	36.990
#工业	15 110.350	24.390	15 053.160	31.910
住宅用地	22 659.450	36.570	18 947.590	40.170
#新增建设用地（来自存量库）	90 315.710	13.720	56 048.330	19.950
工矿仓储、交通	36 019.770	39.880	23 263.480	41.510
#工业	20 045.300	22.190	19 976.400	35.640
住宅用地	25 329.730	28.050	20 848.450	37.200
#新增建设用地	505 950.910	76.870	177 791.970	63.270
工矿仓储、交通	258 563.860	51.100	104 471.030	58.760
#工业	99 771.050	19.720	95 771.550	53.870
住宅用地	63 548.360	12.560	42 120.630	23.690

4.4.2　对指标形式的检验

（1）用地均指标的回归结果。用地均指标，即把"城镇地均能源消费碳排放"的对数（lnC_perbdenetoturb）作为因变量，进行模型回归（见表 4-10）。结果表明，城镇人口密度与城镇地均能源消费碳排放呈现稳健的 U 型关系；土地出让中招拍挂面积比重与城镇人口密度的乘积项回归系数稳健为正，且通过显著性检验；土地收入占财政决算收入比重与城镇人口密度的乘积项回归系数，在 POLS_r 和 FE_r 模型中稳健为正，基本上通过显著性检验；省级审批建设用地面积比重与城镇人口密度的乘积项回归结果不稳健，也未通过显著性检验。

（2）用总量指标的回归结果。用总量指标，即把"城镇能源消费碳排放"的对数（lnC_energyurban）作为因变量，进行模型回归。结果表明，在 POLS_r 和 SYS-GMM 模型中，城镇人口密度与城镇能源消费碳排放的关系总体为倒 U 型关系，其中 POLS_r 模型回归结果均通过显著性检验；土地出让中招拍挂面积比重与城镇人口密度的乘积项回归系数稳健为正，且通过显著性检验；土地收入占财政决算收入比重与城镇人口密度的乘积项回归系数稳健为正，在 FE_r 模型中的回归结果均通过显著性检验；省级审批建设用地面积比重与城镇人口密度的乘积项回归结果不稳健，也未通过显著性检验。

（3）三种指标形式回归结果比较（见表 4-11）。根据三种指标形式回归结果发现，首先，三个回归结果具有较强的一致性，主要表现为，总体上城镇人口密度对三种指标形式均具有影响，其中，土地出让中招拍挂面积比重与城镇人口密度的乘积项回归系数稳健为正，且多数通过显著性检验。这较好地验证了前文提出的部分假说。

其次，总量指标与强度指标（包括人均指标和地均指标）的回归结果相比，存在一些差异。城镇人口密度与强度指标（"城镇人均能源消费碳排放"和"城镇地均能源消费碳排放"）均存在较为稳健的 U 型关系，而与"城镇能源消费碳排放"却总体上呈现出倒 U 型关系。

另外，本书也发现，以"城镇人均能源消费碳排放"为因变量，核心解释变量的回归系数最为稳健，且总体上较为显著。

表 4-10　对城镇地均能源消费碳排放回归结果

变量代码	(1) POLS_r	(2) FE_r	(3) SYS-GMM_r	(4) SYS-GMM_r	(5) POLS_r	(6) FE_r	(7) SYS-GMM_r	(8) SYS-GMM_r
lnLU_urbanpopdensity	-0.594***	-0.517***	-0.548***	-0.440***	-0.574***	-0.447***	-0.515***	-0.424***
	(-8.35)	(-3.39)	(-2.83)	(-3.44)	(-7.90)	(-3.25)	(-2.97)	(-3.46)
lnED_persongdp	0.453***	-0.297***	0.206	0.219	0.518***	-0.292***	0.307**	0.310*
	(9.860)	(-2.93)	(1.290)	(1.250)	(11.150)	(-2.96)	(2.030)	(1.730)
l2.lnPU_urban	0.080	0.551**	0.692**	0.126	0.092	0.158	0.661*	0.171
	(0.650)	(2.650)	(2.510)	(0.430)	(0.620)	(0.640)	(2.430)	(0.620)
l2.lngdp_percap98ma	0.111	0.369**	-0.469***	0.090	0.071	0.382**	-0.443***	0.063
	(1.310)	(2.520)	(-3.01)	(0.500)	(0.900)	(2.710)	(-3.23)	(0.380)
l2.lngdp_indper	0.649***	0.515**	0.542***	0.430***	0.621***	0.503***	0.527***	0.443***
	(9.350)	(2.630)	(2.670)	(2.600)	(9.470)	(3.050)	(2.760)	(2.770)
l2.lnFDI_gdpper1	-0.340***	-0.045	-0.181***	-0.136*	-0.337*	-0.022	-0.141**	-0.114#
	(-10.61)	(-0.85)	(-2.82)	(-1.82)	(-10.79)	(-0.44)	(-2.38)	(-1.58)
l.lnC_perbdenetoturb			0.520***	0.089			0.521***	0.113
			(4.370)	(0.680)			(5.130)	(0.940)
l.EN_totalpergdp				0.240***				0.226***
				(3.710)				(3.620)

变量代码	（1）POLS_r	（2）FE_r	（3）SYS-GMM_r	（4）SYS-GMM_r	（5）POLS_r	（6）FE_r	（7）SYS-GMM_r	（8）SYS-GMM_r
l2.lnLG4_landfin× lnLU_urbanpopdensity					0.010***	0.008***	0.006***	0.004***
					（5.090）	（5.570）	（3.730）	（3.680）
l2.lnPU_nonagr× lnLU_urbanpopdensity					（0.005）	0.022	−0.030#	（0.025）
					（−0.49）	（1.380）	（−1.48）	（−1.34）
constant	12.831***	8.075***	10.119***	10.245***	12.864***	7.758***	10.510***	10.588***
	（14.690）	（3.860）	（4.130）	（5.970）	（14.180）	（4.070）	（4.450）	（5.830）
N	450.000	450.000	450.000	450.000	450.000	450.000	450.000	450.000
r²	0.598	0.693			0.621	0.725		
r²_a	0.592	0.689			0.614	0.720		
Hausman test，Prob＞chi2		0.000				0.000		
AR（1），Pr＞z			0.000	0.000			0.000	0.000
AR（2），Pr＞z			0.538	0.973			0.114	0.225
Hansen test，Prob＞chi2			1.000	1.000			1.000	1.000
Number of instruments			78.000	79.000			93.000	81.000
Wald			312.790	352.420			543.650	415.650

续表

变量代码	（9）POLS_r	（10）FE_r	（11）SYS-GMM_r	（12）SYS-GMM_r	（13）POLS_r	（14）FE_r	（15）SYS-GMM_r	（16）SYS-GMM_r
lnLU_urbanpopdensity	-19.689***	-6.156	-13.825***	-7.166#	-0.588***	-0.526***	-0.262***	-0.331***
	（-7.67）	（-1.43）	（-2.73）	（-1.62）	（-8.23）	（-3.51）	（-2.65）	（-3.32）
lnLU_urbanpopdensity_2	0.981***	0.290	0.676***	0.342#				
	（7.450）	（1.320）	（2.650）	（1.520）				
lnED_persongdp	0.562***	-0.269**	0.321**	0.307*	0.448***	-0.313***	0.057	0.272
	（12.320）	（-2.59）	（2.070）	（1.740）	（10.170）	（-3.29）	（0.340）	（1.350）
l2.lnPU_urban	0.142	0.212	0.810***	0.255	0.579	1.888	6.879***	8.063**
	（0.980）	（0.880）	（2.590）	（0.890）	（0.710）	（1.030）	（3.820）	（2.550）
l2.lnPU_urban_2					-0.068	-0.193	-0.868***	-1.127**
					（-0.61）	（-0.73）	（-3.56）	（-2.52）
l2.lngdp_percap98ma	0.027	0.337**	-0.530***	0.007	0.128	0.409**	-0.031	0.385**
	（0.360）	（2.520）	（-3.22）	（0.040）	（1.380）	（2.520）	（-0.24）	（2.120）
l2.lngdp_indper	0.685***	0.503***	0.571***	0.458***	0.638***	0.507**	0.333*	0.287#
	（11.100）	（3.330）	（3.130）	（2.960）	（8.790）	（2.540）	（1.700）	（1.600）
l2.lnFDI_gdpper1	-0.297***	-0.024	-0.128**	-0.105	-0.342***	-0.047	-0.167**	-0.089
	（-9.47）	（-0.48）	（-2.03）	（-1.41）	（-10.62）	（-0.88）	（-2.53）	（-1.41）
l.lnC_perbdenetoturb			0.477***	0.108			0.473***	0.139
			（4.930）	（0.950）			（4.740）	（1.060）

变量代码	（9）	（10）	（11）	（12）	（13）	（14）	（15）	（16）
	POLS_r	FE_r	SYS-GMM_r	SYS-GMM_r	POLS_r	FE_r	SYS-GMM_r	SYS-GMM_r
l.EN_totalpergdp				0.218***				0.199***
				（3.510）				（2.900）
l2.lnLG4_landfin× lnLU_urbanpopdensity	0.013***	0.008***	0.006***	0.004***				
	（6.270）	（5.810）	（4.100）	（3.930）				
l2.lnPU_nonagr× lnLU_urbanpopdensity	-0.009	0.023	-0.030#	-0.025				
	（-0.89）	（1.340）	（-1.56）	（-1.39）				
constant	105.866***	36.058#	76.437***	43.946**	11.751***	5.575	-6.258*	-7.138
	（8.460）	（1.700）	（3.000）	（2.010）	（5.980）	（1.310）	（-1.65）	（-1.19）
N	450	450	450	450	450	450	450	450
r²	0.655	0.729			0.598	0.694		
r²_a	0.648	0.724			0.592	0.689		
Hausman test, Prob>chi2		0.000				0.000		
AR （1）, Pr>z			0.000	0.000			0.000	0.000
AR （2）, Pr>z			0.146	0.236			0.124	0.375
Hansen test, Prob>chi2			1.000	1.000			1.000	1.000
Number of instruments			81	82			65	80
Wald			677.760	463.290			716.150	268.680

续表

变量代码	(17) POLS_r	(18) FE_r	(19) SYS-GMM_r	(20) POLS_r	(21) FE_r	(22) SYS-GMM_r	(23) POLS_r	(24) FE_r	(25) SYS-GMM_r
lnLU_urbanpopdensity	-11.237*** (-4.31)	-4.257 (-0.97)	-11.309** (-2.48)	1.113 (0.500)	-1.218 (-0.22)	-8.056** (-2.22)	-12.324*** (-4.79)	-6.328# (-1.65)	-10.938*** (-2.72)
lnLU_urbanpopdensity_2	0.545*** (4.050)	0.193 (0.860)	0.555*** (2.400)	-0.075 (-0.66)	0.045 (0.160)	0.389*** (2.120)	0.601*** (4.530)	0.299* (1.530)	0.535*** (2.630)
lnED_persongdp	0.605*** (12.100)	-0.151 (-1.19)	0.341** (2.140)	0.264*** (7.690)	-0.132 (-1.34)	0.368*** (2.680)	0.605*** (11.920)	-0.148 (-1.33)	0.352** (2.190)
l2.lnPU_urban	0.099 (0.790)	0.224 (0.940)	0.757*** (1.980)	-0.552*** (-5.50)	-0.104 (-0.51)	0.558* (1.820)	0.08 (0.650)	0.05 (0.240)	0.695* (1.790)
l2.lngdp_percap98ma	-0.004 (-0.04)	0.261# (1.590)	-0.298* (-1.77)	0.562*** (8.660)	0.441*** (2.940)	-0.185 (-1.01)	-0.061 (-0.64)	0.124 (0.620)	-0.451** (-2.54)
l2.lngdp_indper	0.805*** (13.160)	0.486** (2.690)	0.322*** (2.100)	0.309*** (5.170)	0.276* (1.780)	0.412* (2.350)	0.802*** (13.030)	0.455* (2.470)	0.419** (2.470)
l2.lnFDI_gdpper1	-0.191*** (-4.79)	-0.006 (-0.11)	-0.053 (-0.93)	-0.087*** (-3.45)	-0.006 (-0.14)	-0.122* (-1.81)	-0.184*** (-4.55)	-0.003 (-0.05)	-0.048 (-0.82)
l.lnENV_visbat	-0.061*** (-4.30)	-0.004 (-0.37)	-0.002 (-0.15)	0.008 (0.760)	-0.001 (-0.06)	-0.001 (-0.06)	-0.054*** (-3.73)	0.011 (0.890)	0.004 (0.240)
l2.lnLG2×lnLU_urbanpopdensity	0.005 (1.190)	-0.002 (-0.71)	0.002 (0.950)	0.004 (1.320)	-0.001 (-0.58)	0.002 (0.850)	0.005 (1.300)	-0.001 (-0.53)	0.003 (1.100)
l2.lnLG3_market1× lnLU_urbanpopdensity	0.013*** (6.840)	0.008*** (3.730)	0.012*** (3.760)	0.006*** (3.790)	0.003* (1.770)	0.008*** (3.480)	0.010*** (3.730)	0.003# (1.590)	0.011*** (2.800)
l2.lnLG4_landfin× lnLU_urbanpopdensity	0.003 (1.240)	0.002# (1.530)	-0.002* (-1.96)	0.003* (1.910)	0.002* (1.930)	-0.001 (-0.56)	0.002 (1.100)	0.005*** (4.050)	-0.002 (-0.81)

变量代码	（17）POLS_r	（18）FE_r	（19）SYS-GMM_r	（20）POLS_r	（21）FE_r	（22）SYS-GMM_r	（23）POLS_r	（24）FE_r	（25）SYS-GMM_r
l2.lnPU_nonagr×	−0.009 (−1.16)	0.026 (1.480)	0.001 (0.080)	0.005 (0.680)	0.017 (1.180)	−0.008 (−0.50)	−0.005 (−0.67)	0.030* (1.900)	0.003 (0.250)
lnLU_urbanpopdensity	0.161*** (2.970)	.	−0.338 (−0.93)				0.191*** (3.430)	.	−0.234 (−0.62)
dum_areathreast	0.280*** (6.430)	.	0.586* (1.670)				0.277*** (6.260)	.	0.538# (1.560)
dum_areathrwest			0.202 (1.320)						0.187 (1.280)
l.lnC_perbdenetoturb						0.002 (0.010)			
l.EN_totalpergdp				0.230*** (14.280)	0.178*** (2.900)	0.185*** (2.270)			
dum_polenvass2007							0.071# (1.510)	0.169*** (4.250)	0.049 (0.950)
dum_polredass2011							0.049 (1.400)	0.008 (0.200)	0.059# (1.540)
constant	64.829*** (5.090)	27.316 (1.270)	63.812*** (2.820)	1.213 (0.110)	11.987 (0.430)	49.354*** (2.750)	70.474*** (5.600)	39.109** (2.070)	63.296*** (3.180)
N	450	450	450	450	450	450	450	450	450
r²	0.756	0.745		0.848	0.798		0.759	0.762	
r²_a	0.748	0.738		0.844	0.792		0.75	0.754	
Hausman test, Prob>chi2		0.000			0.002			0.000	
AR (1), Pr>z			0.001			0.006			0.000
AR (2), Pr>z			0.884			0.872			0.805
Hansen test, Prob>chi2			1.000			1.000			1.000
Number of instruments			161.000			162.000			163.000
Wald			586.900			362.740			1 084.550

表 4-11　三种指标形式下的回归结果对比

因变量	变量代码	(1) POLS_r	(2) FE_r	(3) SYS-GMM_r	(4) SYS-GMM_r	(5) POLS_r	(6) FE_r	(7) SYS-GMM_r	(8) SYS-GMM_r
城镇能源消费碳排放的对数	lnLU_urbanpopdensity	-0.391***	-0.643***	-0.441**	-0.326**	-0.337***	-0.552***	-0.353**	-0.259**
		(-2.84)	(-3.42)	(-2.49)	(-2.28)	(-2.74)	(-3.29)	(-2.30)	(-1.99)
	l2.lnLG4_landfin× lnLU_urbanpopdensity					0.028***	0.011***	0.008***	0.007***
						(8.100)	(4.730)	(5.100)	(4.510)
城镇地均能源消费碳排放的对数	lnLU_urbanpopdensity	-0.594***	-0.517***	-0.548***	-0.440***	-0.574***	-0.447***	-0.515***	-0.424***
		(-8.35)	(-3.39)	(-2.83)	(-3.44)	(-7.90)	(-3.25)	(-2.97)	(-3.46)
	l2.lnLG4_landfin× lnLU_urbanpopdensity					0.010***	0.008***	0.006***	0.004***
						(5.090)	(5.570)	(3.730)	(3.680)
城镇人均能源消费碳排放的对数	lnLU_urbanpopdensity	-0.594***	-0.517***	-0.517***	-0.384***	-0.578***	-0.513***	-0.483***	-0.352***
		(-8.35)	(-3.39)	(-2.69)	(-3.36)	(-8.00)	(-4.05)	(-2.80)	(-3.22)
	l2.lnLG4_landfin× lnLU_urbanpopdensity					0.011***	0.008***	0.006***	0.004***
						(5.300)	(5.880)	(3.490)	(3.000)

续表

因变量	变量代码	(9) POLS_r	(10) FE_r	(11) SYS-GMM_r	(12) SYS-GMM_r	(13) POLS_r	(14) FE_r	(15) SYS-GMM_r	(16) SYS-GMM_r
城镇能源消费碳排放的对数	lnLU_urbanpopdensity	29.680***	−3.943	−3.536	1.92	−0.314**	−0.664***	−0.208*	−0.186*
		(7.260)	(−0.71)	(−0.77)	(0.500)	(−2.19)	(−3.50)	(−1.95)	(−1.92)
	lnLU_urbanpopdensity_2	−1.541***	0.172	0.161	−0.112				
		(−7.33)	(−0.610)	(−0.690)	(−0.57)				
	l2.lnLG4_landfin× lnLU_urbanpopdensity	0.024***	0.011***	0.008***	0.007***				
		(7.060)	(4.810)	(5.390)	(4.680)				
城镇地均能源消费碳排放的对数	lnLU_urbanpopdensity	−19.689***	−6.156	−13.825***	−7.166#	−0.588***	−0.526***	−0.262***	−0.331***
		(−7.67)	(−1.43)	(−2.73)	(−1.62)	(−8.23)	(−3.51)	(−2.65)	(−3.32)
	lnLU_urbanpopdensity_2	0.981***	0.290	0.676***	0.342#				
		(7.450)	(1.320)	(2.650)	(1.520)				
	l2.lnLG4_landfin× lnLU_urbanpopdensity	0.010***	0.008***	0.006***	0.004***				
		(5.090)	(5.570)	(3.730)	(3.680)				
城镇人均能源消费碳排放的对数	lnLU_urbanpopdensity	−19.642***	−5.789	−19.746***	−11.534**	−0.588***	−0.526***	−0.229**	−0.193***
		(−7.62)	(−1.39)	(−3.01)	(−2.32)	(−8.23)	(−3.51)	(−2.53)	(−2.92)
	lnLU_urbanpopdensity_2	0.979***	0.268	0.979***	0.568**				
		(7.390)	(1.270)	(2.960)	(2.270)				
	l2.lnLG4_landfin× lnLU_urbanpopdensity	0.013***	0.008***	0.006***	0.004***				
		(6.440)	(6.140)	(3.680)	(3.250)				

续表

因变量	变量代码	(17) POLS_r	(18) FE_r	(19) SYS-GMM_r	(20) POLS_r	(21) FE_r	(22) SYS-GMM_r	(23) POLS_r	(24) FE_r	(25) SYS-GMM_r
城镇能源消费碳排放的对数	lnLU_urbanpopdensity	20.572*** (5.240)	-0.711 (-0.14)	5.51 (1.030)	26.143*** (5.290)	2.944 (0.470)	6.565 (1.260)	15.882*** (4.010)	-3.472 (-0.86)	5.757 (1.100)
	lnLU_urbanpopdensity_2	-1.077*** (-5.34)	0.009 (0.040)	-0.293 (-1.07)	-1.361*** (-5.41)	-0.168 (-0.53)	-0.346 (-1.31)	-0.833*** (-4.09)	0.151 (0.730)	-0.307 (-1.15)
	l2.lnLG2× lnLU_urbanpopdensity	0.003 (0.480)	-0.001 (-0.46)	-0.001 (-0.68)	0.004 (0.560)	-0.001 (-0.28)	-0.002 (-0.87)	0.005 (0.860)	-0.001 (-0.27)	-0.001 (-0.49)
	l2.lnLG3_market1× lnLU_urbanpopdensity	0.024*** (7.590)	0.012*** (5.470)	0.014*** (4.210)	0.022*** (6.470)	0.007*** (4.350)	0.013*** (4.080)	0.011*** (2.740)	0.006*** (3.670)	0.013*** (3.410)
	l2.lnLG4_landfin× lnLU_urbanpopdensity	0.003 (0.740)	0.003** (2.140)	0.000 (0.170)	0.005 (1.150)	0.003** (2.660)	0.001 (0.820)	0.004 (1.030)	0.007*** (5.000)	0.001 (0.450)
城镇地均能源消费碳排放的对数	lnLU_urbanpopdensity	-11.237*** (-4.31)	-4.257 (-0.97)	-11.309** (-2.48)	1.113 (0.500)	-1.218 (-0.22)	-8.056** (-2.22)	-12.324*** (-4.79)	-6.328# (-1.65)	-10.938*** (-2.72)
	lnLU_urbanpopdensity_2	0.545*** (4.050)	0.193 (0.860)	0.555** (2.400)	-0.075 (-0.66)	0.045 (0.160)	0.389** (2.120)	0.601*** (4.530)	0.299# (1.530)	0.535*** (2.630)
	l2.lnLG2× lnLU_urbanpopdensity	0.005 (1.190)	-0.002 (-0.71)	0.002 (0.950)	0.004 (1.320)	-0.001 (-0.58)	0.002 (0.850)	0.005 (1.300)	-0.001 (-0.53)	0.003 (1.100)

因变量	变量代码	(17) POLS_r	(18) FE_r	(19) SYS-GMM_r	(20) POLS_r	(21) FE_r	(22) SYS-GMM_r	(23) POLS_r	(24) FE_r	(25) SYS-GMM_r
城镇地均能源消费的碳排放的对数	l2.lnLG3_market1×lnLU_urbanpopdensity	0.013*** (6.840)	0.008*** (3.730)	0.012*** (3.760)	0.006*** (3.790)	0.003* (1.770)	0.008*** (3.480)	0.010*** (3.730)	0.003# (1.590)	0.011*** (2.800)
	l2.lnLG4_landfin×lnLU_urbanpopdensity	0.003 (1.240)	0.002# (1.530)	−0.002* (−1.96)	0.003* (1.910)	0.002* (1.930)	−0.001 (−0.56)	0.002 (1.100)	0.005*** (4.050)	−0.002 (−0.81)
	lnLU_urbanpopdensity	−13.854*** (−5.58)	−5.037 (−1.17)	−15.216*** (−3.23)	−0.271 (−0.11)	−1.523 (−0.29)	−10.804** (−2.27)	−14.671*** (−6.02)	−6.001 (−1.55)	−16.040*** (−3.25)
	lnLU_urbanpopdensity_2	0.680*** (5.310)	0.234 (1.070)	0.753*** (3.160)	−0.004 (−0.03)	0.061 (0.230)	0.532** (2.210)	0.723*** (5.750)	0.285 (1.450)	0.795*** (3.190)
城镇人均能源消费的碳排放的对数	l2.lnLG2×lnLU_urbanpopdensity	0.006** (2.360)	0.002 (1.110)	0.001 (1.070)	0.003 (1.470)	0.000 (−0.18)	0.000 (0.160)	0.007** (2.540)	0.001 (1.070)	0.002 (1.510)
	l2.lnLG3_market1×lnLU_urbanpopdensity	0.008*** (5.850)	0.005*** (3.890)	0.005*** (3.700)	0.004*** (3.390)	0.003** (2.160)	0.003*** (3.140)	0.006*** (3.680)	0.003** (2.330)	0.004*** (2.970)
	l2.lnLG4_landfin×lnLU_urbanpopdensity	0.007*** (3.640)	0.006*** (5.960)	0.005*** (3.690)	0.005*** (3.130)	0.004*** (3.790)	0.003*** (3.110)	0.007*** (3.460)	0.008*** (6.720)	0.005*** (3.510)

4.4.3　对阶段影响的考察

中共中央、国务院于 2015 年 9 月印发《生态文明体制改革总体方案》，国务院于 2016 年 11 月印发《"十三五"控制温室气体排放工作方案》，对环境治理和规制要求更为严格，地方政府行为相应发生一些积极变化。由前文可知，以"城镇人均能源消费碳排放"为因变量，其回归结果稳健且显著，故以此为例进一步考察 2014 年以后的情况。根据前文可知，城镇人口与"城镇人均能源消费碳排放"呈现稳健的 U 型关系，但从两者的散点图看，U 型左侧的变化趋势并未显现。

于是，本书补充了省区市 2015 年、2016 年的城镇人口密度、城镇人均能源消费碳排放数据，重新进行了散点图绘制（见图 4-9）。初步对比，曲线的形态与原来的基本一致，右侧的散点并没有呈现明显向上快速变化的态势。2015—2016 年政策变化的积极作用可能得到一定程度的释放，延迟了上升拐点的到来，抑制了上升趋势。随着样本的增加和环境保护政策作用的进一步发挥，在未来不排除可能出现倒 N 型的第二拐点。故有待后续探究。

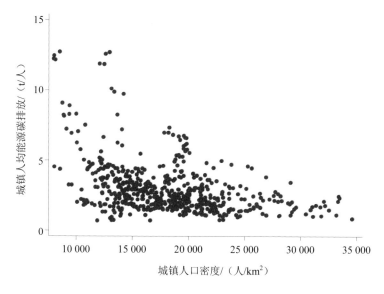

图 4-9　城镇人口密度与城镇人均能源碳排放（1998—2016 年）

4.4.4　对地区差异的考察

由于不同地区存在差异，故分区进行考察。分区考察的方法有两种，第一种是分东部、中部、西部三个地区进行考察；第二种是分六大区。根据南北能源消耗的差异，进一步归总分为北方和南方（其中，北方包括华北、东北、西北；南方包括华东、中南、西南）。由散点图可知（见图 4-10），地区之间存在差异，其中西部地区、东北地区的曲线特征相对明显，多数区域的散点图变化趋势差异较大，而且变化趋势并不太清晰，这反映了地区间的差异性，同时也说明总体 U 型曲线变化趋势是各个地区的综合结果表现。

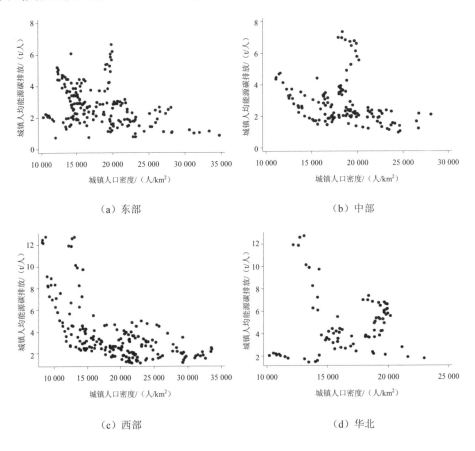

（a）东部　　　　　　　　　　　　（b）中部

（c）西部　　　　　　　　　　　　（d）华北

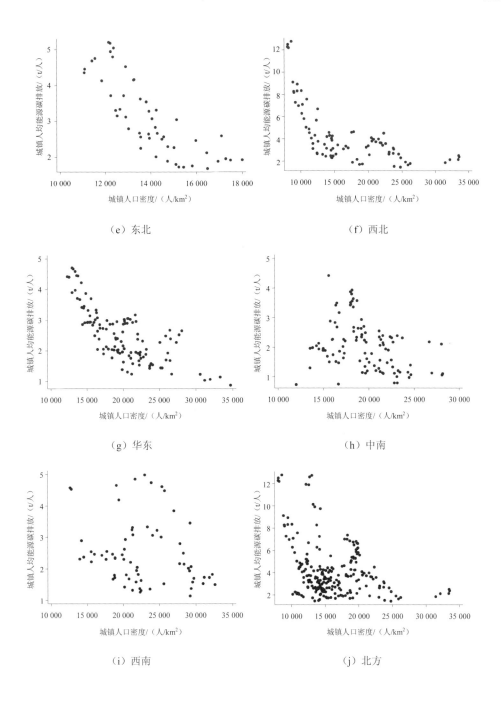

（e）东北　　　　　　　　　　　　　　　（f）西北

（g）华东　　　　　　　　　　　　　　　（h）中南

（i）西南　　　　　　　　　　　　　　　（j）北方

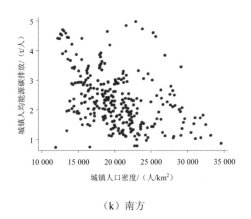

（k）南方

图 4-10　不同地区城镇人口密度与城镇人均能源碳排放

4.5　本章小结

基于以上分析可知，在控制了户籍政策、发展阶段、环境分权、能耗水平等因素的情况下，地方政府土地管理行为总体上显著降低了城镇人口密度，而且当前城镇人口密度与城镇人均能源碳排放的关系总体处于 U 型曲线的下降部分，说明地方政府土地管理行为对城镇人均能源碳排放具有较为显著的助推作用。其主要结论如下：

（1）地方政府建设用地审批权力越大，越容易导致城镇人口密度下降、城镇人均能源碳排放上升。由于地方政府具有"生产性偏好"，当其拥有更大的审批权限时，更有利于按照其偏好扩大生产性投资，加快城镇扩张速度，导致城镇空间效率下降，同时还直接促使建筑、工业能耗的增加，最终使碳排放水平上升。

（2）由于招拍挂出让方式是实现更高土地收入的重要路径，而地方政府具有土地收入的偏好，因此可能就会为了更高的土地收入而主动去给市场"放权"，扩大招拍挂比重，快速扩大土地供应，导致城镇人口密度下降，城镇人均能源碳排放上升。有趣的是，地方政府虽然可以通过调控土地市场来影响地区碳排放水平，但很可能存在"市场干预悖论"（陈前利等，2018）：一方面，若把土地市场化作为实现土地收益的手段，过度放任市场，往往会因市场失灵而导致碳排放增加；

另一方面，若把土地作为引资手段，地方政府对土地市场过度干预，往往会因政府失灵而导致碳排放增加。这部分将在第 5 章论述。

（3）地方政府土地收入依赖越强，越可能促使城镇人口密度下降，城镇人均能源碳排放上升。具有"生产性偏好"的地方政府对自主性财政收入有较强的偏好（李尚蒲等，2010），从而强化了其对土地收入的依赖，促使城镇快速扩张，不仅使得城镇人口密度下降，同时还直接促使与基础设施建设相关的建筑能耗的增加，进而显著提高了城镇人均能源碳排放。

第5章

地方政府土地管理行为对陆地生态系统碳排放的影响

第 3 章和第 4 章围绕人为源碳排放，实证了地方政府土地管理行为影响。本章将围绕陆地生态系统碳排放（碳储量变化[①]），实证地方政府土地管理行为影响。其一，进一步论述本章研究主题的背景，提出本章研究的问题，构建分析框架；其二，基于 GIS 技术手段，以乌鲁木齐市为例（考虑数据的可获得性），探究城市陆地生态系统碳储量时空演变情况；其三，构建计量模型，对乌鲁木齐市陆地生态系统碳储量变化进行驱动力分析，重点考察建设用地扩张的影响；其四，用案例分析方法阐述城市地方政府土地管理行为的影响。

5.1 分析框架的构建

全球碳循环和碳收支是气候变化和区域可持续发展研究的核心之一（于贵瑞，2003）。作为重要碳库，陆地生态系统在全球碳循环中发挥着重要作用（Houghton et al.，1983；葛全胜等，2008b；Piao et al.，2009；朴世龙等，2010），其碳储量

[①] 需要说明的是，除了人类活动消耗的化石燃料燃烧导致二氧化碳排放，陆地生态系统碳排放也是大气中二氧化碳浓度变化的重要来源。假设碳储量变化也遵循着物质守恒定律，那么某区域一定时期内陆地生态系统碳储量增加，意味着碳汇（碳吸收）；而其碳储量减少，意味着碳源（碳排放）。当生态系统固定的碳量大于排放的碳量时，该系统就成为大气二氧化碳的汇，即碳汇（王效科等，2015），由此可见，土地利用的碳汇能力已包含在碳储量之中。

动态是区域碳汇特征最直观的表现，是区域碳平衡对全球变化响应的研究基础（Ni，2001；Ciais et al.，2012）。随着工业化、城镇化进程加快，以土地利用变化为主要表现的人类活动成为影响陆地生态碳循环的重要因素和主要过程（Houghton et al.，2003；葛全胜等，2008b；葛全胜等，2008a；杨庆媛，2010；Houghton et al.，2012）。全球土地利用变化引起的碳排放是人类活动碳排放的主要方面。干旱半干旱区约占全球陆地面积的 1/3（Lal，2001），其生态系统对气候变暖、土地利用变化尤为敏感（Lal，2009；陈曦等，2013），约占全球"碳失汇"的 1/3，是全球变化最为敏感的区域之一（颜安，2015）。

　　乌鲁木齐市作为干旱半干旱区典型的绿洲城市，近 50 年来土地利用变化很大，其城市建成区面积由 1949 年的 7.5 km^2，增长到 2003 年的 169.19 km^2，扩大了 22 倍；从老城中心向外扩展变化集中在 1949—1965 年，从北部新城区为中心向外扩展始于 1980—1998 年（陈曦，2008）。随着国家"一带一路"核心区建设不断深入和乌鲁木齐市"五大中心"（交通枢纽中心、商贸物流中心、金融服务中心、文化科技中心、医疗服务中心）逐渐建成（宋建华，2015），其城市化进程将进一步加快，土地利用变化将进一步加剧。同时，乌鲁木齐市分别于 2012 年和 2014 年成为第二批国家低碳试点城市和第三批国家节能减排财政政策综合示范城市，面临低碳转型发展的新机遇，同时也迎来新挑战。

　　现有文献众多，为本书研究提供了良好的理论和方法，但还有些地方有待深入：其一，在空间尺度上，干旱区半干旱区城市尺度的研究不足，难以为城市低碳土地利用布局提供针对性的对策；其二，在时间尺度上，中短期尺度的考虑缺乏，难以有效捕捉土地利用变化对碳储量"潜在影响"的动态变化；其三，地方政府的作用，即地方政府如何通过土地行为产生间接影响。本章的分析框架见图 5-1。

　　考虑到城市尺度土地利用等数据的可获取性、本书研究的关键目标和城市扩张的典型性，本章以干旱半干旱地区典型城市——乌鲁木齐市为空间尺度范围，以 1970—2015 年为时间跨度（含有 6 个时点：1970 年、1990 年、2000 年、2005 年、2010 年、2015 年），探析其土地利用变化、陆地生态系统碳储量的时空演变特征及其驱动因素、地方政府土地管理行为影响，以期为其低碳城市化发展提供一定的依据。下文将从研究方法与数据来源、演变过程与驱动因素、结论与建议等方面展开。

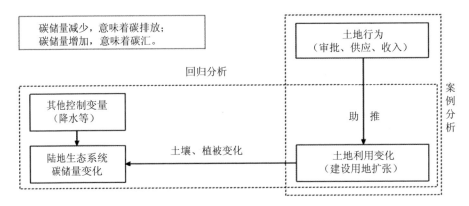

图 5-1　陆地生态系统碳储量变化驱动分析框架

5.2　研究方法与数据来源

5.2.1　研究方法

（1）采用文献资料法，获取相关研究方法、碳密度参考值等。通过文献的整理，梳理出基于土地利用变化的陆地生态系统碳储量变化的计算方法；同时整理出不同土壤类型、植被类型对应的碳储量密度参考值。

（2）基于 GIS 技术手段，采用经验系数法估算碳储量及其变化值。陆地生态系统碳库与土地利用及其变化的关系主要体现在植被碳和土壤碳中，碳汇，也可能是碳源（葛全胜等，2008b）。因此，本书将从植被碳和土壤碳两个方面，探析土地利用变化引致的陆地生态系统碳储量演变。借鉴相关研究方法（葛全胜等，2008b；赖力，2010；揣小伟，2013；张梅等，2013），主要采用 ArcGIS 软件处理和分析，继而基于土地利用变化视角，估算乌鲁木齐市 1970 年、1990 年、2000 年、2005 年、2010 年及 2015 年陆地生态系统碳储量及其各时段的变化。具体计算流程见图 5-2。为了进一步考察土地城镇化程度最高地区的变化情况，本书按照同样的方法，估算了城区范围内碳储量变化。

总体来讲，本书采用的是"类型系数法"，即基于不同土壤、植被的碳密度经验值，再根据不同地类与土壤和植被空间分布的对应关系，采用 GIS 技术手段计算得到不同地类的碳密度。由于一级地类内部存在结构差异，因此，地类碳密度不适合按照"地类碳密度之和/地类的数量"简单计算。其一级地类 i 综合碳密度是根据"地类 i 所涉二级地类碳储量之和/地类 i 总面积"计算得到，其中，"地类 i 所涉二级地类碳储量"按照"（地类 i 所涉二级地类土壤有机碳密度+地类 i 二级地类植被碳密度）× 地类 i 所涉二级地类面积"计算和汇总得到。对于保持地类还具有碳汇功能，其估算的方法为"某地类面积（hm^2）×某地类碳汇均值（$t\,C/hm^2$）"。

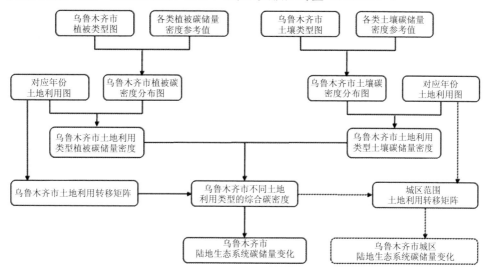

图 5-2　陆地生态系统碳储量变化计算流程

特别说明的是，本书提出"潜在碳储量变化"和"累计碳储量变化"的概念，将考察期缩短到 5～10 年，这既考虑响应周期，也有利于捕捉土地利用中短期变化的潜在影响。本书重点考察土地利用变化对碳储量的"潜在影响"，故假设土地利用变化导致的碳储量变化得到完全响应。因此，暂不考虑不同土地利用转变的响应周期和碳储量变化率差异（IPCC，1996；葛全胜等，2008a；刘纪远等，2004）。本书估算的陆地生态系统碳储量若未说明的，均为"潜在碳储量"。

（3）回归模型法。为了进一步考察碳储量变化背后的驱动因素，本书借鉴相关文献，选取气候、人口、GDP 等自然、社会经济等因素，构建回归模型，基本形式如下：

$$\Delta CARBONSTORAGE_{ik} = \alpha_0 + \sum_{i,j,y=1}^{m,n,r} \beta_j X_{ijy} + \varepsilon_{ik} \tag{5-1}$$

式中，ΔSC_{ik} 为第 i 个单元在 k 时期的碳储量变化值；X_{ijy} 为第 i 个单元在 y 年影响因素 j 的指标值；α_0、β_j、ε_{ik} 分别为常数项、回归系数和扰动项。

土地利用变化是影响陆地生态系统碳储量变化的重要驱动因素（揣小伟等，2011），本书探究陆地生态系统碳储量演变的驱动因子，在一定程度上就是探究土地利用演变的驱动力。自然、社会经济、制度及技术等往往是土地利用变化的驱动因素（杨梅等，2011），本书重点探析经济水平、人口规模、土地非农化（杨庆媛，2010；揣小伟等，2011；颜安，2015）、区位等经济社会因素的影响，并考虑温度、降水（李克让等，2003；解宪丽，2004；陈曦等，2013；王德旺，2013）、地形坡度（曹华，2012；颜安，2015）等自然因素的滞后影响，以及数据可获得性，考察 2010—2015 年这一期碳密度变化的驱动因素，构建初步的回归模型如下：

$$\Delta CARBONDENSITY_{i2010-2015} = \alpha_0 + \beta_1 \Delta GDP_{i2010-2015} + \beta_2 \Delta POP_{i2010-2015} +$$
$$\beta_3 \Delta LANDCONS_{i2010-2015} + \beta_4 RAINFALL_{i2008} + \beta_5 TEMPERATURE_{i2008} + \quad (5\text{-}2)$$
$$\beta_6 SLOPE_{i2008} + \beta_7 DISTANCE_{i2010-2015} + \beta_8 ELEVATION_{i2008} + \varepsilon_{i2010-2015}$$

式中，$\Delta CARBONDENSITY_{i2010-2015}$ 为 2010—2015 年第 i 单元的碳密度变化值（t C）；通过对 2010 年和 2015 年两期陆地生态系统碳密度栅格数据做差值运算得到碳密度变化数据。$\Delta GDP_{i2010-2015}$ 为 2010—2015 年第 i 单元的 GDP 变化值（元）；$\Delta POP_{i2010-2015}$ 为 2010—2015 年第 i 单元的人口变化值（人）；$\Delta LANDCONS_{i2010-2015}$ 为 2010—2015 年第 i 单元的建设用地面积变化值（hm^2）；$RAINFALL_{i2008}$ 为 2008 年第 i 单元的年均降水值（mm）；$TEMPERATURE_{i2008}$ 为 2008 年第 i 单元的年均气温值（℃）；$SLOPE_{i2008}$ 为 2008 年第 i 单元的坡度值（°）；$DISTANCE_i$ 为第 i 单元距离乌鲁木齐市人民政府的距离（km）；$ELEVATION_{i2008}$ 为 2008 年第 i 单元的高程（m）。变量选取的有关说明如下：

其一，解释变量间的相关性问题。一般这类问题可通过 VIF 检验、逐步回归等方法进行处理。新疆经济、人口、建设用地变量绝对值的两两相关关系，很大程度上受到产业结构（李豫新等，2014）、人口素质（韩桂兰，2008）与结构（张锦宗等，2012；李金军，2016）、用地结构和利用水平（付金存等，2015）等因素的影响。实证研究表明，新疆人口分布与经济发展不一致（关靖云等，2016），绿洲城市的人口与经济协调性不强（黄宝连等，2012），大部分县市人口与经济在时空上的相关性较弱（郭海燕等，2015）。根据气候的地带分布规律可知，温度与高程存在较强的相关性，而且坡向与降水、温度也存在一定的相关性。

根据圈层理论，距离城市中心越近，土地价格往往越高，经济、人口规模可能越大，土地非农化可能性也越高。有研究者把"距政府所在地的距离"作为解释城市扩展、新城效率的变量；研究认为，政府所在地及其周边的经济往往更被市政府重视，导致政府周边区域的土地城镇化速度要快于其他区域（全泉等，2011）。同时，作为城市发展的规划和决策者，政府会尽可能使土地资源配置在其辖区范围内实现经济效益最大化（刘小平等，2006）；而距离主城区更近的新城更具经济效率（常晨等，2017）。在 GDP 锦标赛体制下，经济增长是地方政府首选的目标，因此，地方政府有动力推动土地非农化。本书选择"距市政府距离"作为区位变量，同时，用"距中心城区重心距离"更新原来的区位变量、剔除区位变量等方法，进行回归、结果比较和稳健性说明。

其二，气候变化的滞后性影响。研究表明，近 50 年乌鲁木齐市各地年降水呈现明显增长趋势，均存在准 6 年的周期（成鹏，2010），其逐月降水存在准 8 年、22 年的长周期（冷中笑等，2007），且降水突变不明显（李瑞雪等，2009）；1990—2003 年的年平均气温呈缓慢上升趋势，除 1997 年、1998 年和 1999 年有波动外，其余年份气温变化不大（王珊珊等，2009）；近 50 年各地平均气温变化趋势非常相似（刘盛梅等，2011），逐月平均气温存在以 6 年、11～13 年为主的长周期（冷中笑等，2007）。陈曦等（2013）在构建干旱区二氧化碳响应模型时，把研究时段前 10 年的平均温度等自然因素作为起始状态。据此，本书取 2008 年的年均气温、2008 年的年均降水量近似替代 2000—2010 年的平均值。坡度在短期内基本不变，故也取 2008 年的数值。

5.2.2　数据来源

（1）数据时空范围的确定。为了保持前后数据范围的一致性，本书选定的研究范围边界为第二次全国土地调查中确定的乌鲁木齐市行政界线（含兵团），其总面积为 14 202.70 km^2（地方 13 783.10 km^2，占 97.05%）。为了进一步考察城区情况，本书参照 2013 年城区控制范围线（乌鲁木齐市国土资源勘测规划院，2014）确定城区边界，其面积为 1 924.87 km^2（占全市面积的 13.55%）。数据时间跨度为 45 年，其范围为 1970—2015 年，主要时间点包括 1970 年、1990 年、2000 年、2005 年、2010 年及 2015 年。

（2）数据类型及其来源的确定。特别说明，由于数据来源不同，因此在 GIS 平台上，对相关图件进行了统一化处理；而且考虑数据的获取性，本书最终选取的数据主要如下：

其一，乌鲁木齐市土地利用数据来自中国科学院完成的"中国国家土地利用数据集"（National Land Use Datasets，NLUD）。基于土地利用 TM 卫星影像解译标志，采用遥感技术，最终得到此类数据。本章使用的土地利用分类系统为中国科学院土地利用分类系统，包括 6 个一级类、25 个二级类（见表 5-1）。

表 5-1　中国科学院土地利用分类系统

代码	名称	解释
1	耕地	指种植农作物的土地，包括熟耕地、新开荒地、休闲地、轮歇地、草田轮作地；以种植农作物为主的农果、农桑、农林用地；耕地三年以上的滩地和海涂
111 112 113	山地水田 丘陵水田 平原水田	水田，指有水源保证和灌溉设施，在一般年景能正常灌溉，用以种植水稻、莲藕等水生农作物的耕地，包括实行水稻和旱地作物轮种的耕地
121 122 123	山地水田 丘陵水田 平原水田	旱地，指无灌溉水源及设施，靠天然降水生长作物的耕地；有水源和浇灌设施，在一般年景下能正常灌溉的旱作物耕地；以种采为主的耕地；正常轮作的休闲地和轮歇地
2	林地	指生长乔木、灌木、竹类等林业用地
21	有林地	指郁闭度大于 30% 的天然林和人工林。包括用材林、经济林、防护林等成片林地
22	灌木林	指郁闭度大于 40%、高度在 2 米以下的矮林地和灌丛林地
23	疏林地	郁闭度为 10%～30% 的稀疏林地
24	其他林地	未成林、造林地、迹地、苗圃及各类园地（果园、桑园等）
3	草地	以生长草本植物为主、覆盖度在 5% 以上的各类草地，包括以牧为主的灌丛草地和郁闭度在 10% 以下的疏林草地
31	高覆盖度草地	指覆盖度大于 50% 的天然草地，一般水分条件较好，草被生长茂密
32	中覆盖度草地	覆盖度在 20%～50% 的天然草地，一般水分条件不足，草被较稀疏
33	低覆盖度草地	覆盖度在 5%～20% 的天然草地，此类草地水分条件缺乏，草被稀疏，牧业利用条件差
4	水域	天然陆地水域和水利设施用地

代码	名称	解释
41	河渠	天然形成或人工开挖的河流及主干渠常年水位以下的土地。人工渠包括堤岸
42	湖泊	天然形成的积水区常年水位以下的土地
43	水库坑塘	人工修建的蓄水区常年水位以下的土地
44	永久性冰川雪地	常年被冰川和积雪覆盖的土地
45	滩涂(海涂)	新疆无
46	滩地	河湖水域平水期水位与洪水期水位之间的土地
5	建设用地（城乡、工矿、居民用地）	城乡居民点及其以外的工矿、交通等用地
51	城镇用地	大城市、中等城市、小城市及县镇以上的建成区用地
52	农村居民点	镇以下的居民点用地
53	其他建设用地（工交建设用地）	独立于各级居民点以外的厂矿、大型工业区、油田、盐场、采石场等用地，以及交通道路、机场、码头及特殊用地
6	未利用地	目前还未利用的土地，包括难利用的土地
61	沙地	地表为沙覆盖、植被覆盖度在 5% 以下的土地，包括沙漠，不包括水系中的沙滩
62	戈壁	地表以碎砾石为主、植被覆盖度在 5% 以下的土地
63	盐碱地	地表盐碱聚集、植被稀少，只能生长强耐盐碱植物的土地
64	沼泽地	地势平坦低洼、排水不畅、长期潮湿、季节性积水或常年积水，表层生长湿生植物的土地
65	裸土地	地表土质覆盖，植被覆盖度在 5% 以下的土地
66	裸岩石质地	地表为岩石或石砾，其覆盖面积大于 50% 的土地
67	其他	其他未利用土地，包括高寒荒漠、苔原等

其二，土壤数据（1980 年）和植被数据（2000 年）来自地球系统科学数据共享平台（www.geodata.cn）的"全国 1：400 万土壤类型分布图（1980 年土壤普查成果）""中国 1：100 万植被数据（2000 年）"。土壤数据（2004 年）自"新疆维吾尔自治区 1：100 万土壤类型分布图"。考虑数据详细程度差异、"短板"限制，以及短期土壤类型分布变化非常小，本书最终选取 2000 年植被类型、2000 年土壤类型（用 2004 年数据近似替代）和 2000 年乌鲁木齐市土地利用数据作为基准年份（2000 年）不同土地利用类型综合碳密度的数据源。

本书中的土壤类型和植被类型碳储量密度参考值根据相关文献（于东升等，2005；王绍强等，1999；李克让等，2003）中关于国家或地区经验值整理得到（见

表 5-2、表 5-3)。另外,一级地类碳汇经验值见表 5-4。

表 5-2　土壤类型及其碳密度参考值

序号	土壤类型	碳密度/(t C/hm²)	参考文献
1	草甸土	144.30	于东升等,2005
2	潮土	65.40	于东升等,2005
3	风沙土	19.10	于东升等,2005
4	高山草甸土	147.90	于东升等,2005
5	高山寒漠土	35.60	于东升等,2005
6	高山漠土	23.90	于东升等,2005
7	灌耕土	83.70	于东升等,2005
8	灌淤土	72.10	于东升等,2005
9	黑钙土	161.20	于东升等,2005
10	灰褐土	133.80	于东升等,2005
11	灰漠土	36.00	于东升等,2005
12	灰棕漠土	15.30	于东升等,2005
13	栗钙土	110.60	于东升等,2005
14	栗高山草甸土	147.90	于东升等,2005
15	林灌草甸土	66.30	于东升等,2005
16	漠境盐土	54.90	于东升等,2005
17	石质土	16.20	于东升等,2005
18	水稻土	111.40	于东升等,2005
19	盐土	63.60	于东升等,2005
20	沼泽土	494.90	于东升等,2005
21	棕钙土	42.50	于东升等,2005
22	棕漠土	11.50	于东升等,2005

注:(1)本表仅列出乌鲁木齐市范围内的土壤类型,未包含土壤无机碳部分。(2)表中,高山草甸土和栗高山草甸土的数值均取"高山土"中草毡土的有机碳密度值,即 147.90 t C/hm²;高山漠土的数值取"高山土"中寒漠土(35.6 t C/hm²)和冷漠土(12.1 t C/hm²)的平均值;灌耕土的数值取灌淤土(72.1 t C/hm²)和灌漠土(95.2 t C/hm²)的平均值(赖力,2010)。

表 5-3　不同植被类型碳密度与碳汇参考值

序号	植被类型/代码	碳密度/(t C/hm²)	参考文献	碳汇/[t C/(hm²/a)]
1	寒温带和温带山地针叶林/1101	52.30	赖力,2010	0.271
2	亚高山落叶阔叶灌丛/1325	7.70	赖力,2010	0.162
3	矮半乔木荒漠/1431	1.00	赖力,2010	0.000

序号	植被类型/代码	碳密度/ （t C/hm²）	参考文献	碳汇/ ［t C/（hm²/a）］
4	灌木荒漠/1430	1.00	赖力，2010	0.000
5	半灌木、矮半灌木荒漠/1428	1.00	赖力，2010	0.000
6	温带禾草、杂类草草甸草原/1533	2.10	赖力，2010	0.021
7	温带丛生禾草草原/1534	2.10	朴世龙等，2004	0.021
8	温带丛生矮禾草、矮半灌木荒漠草原/1536	2.10	马文红等，2006	0.021
9	禾草、薹草高寒草原/1538	1.80	赖力，2010	0.021
10	禾草、杂类草草甸/1533	2.10	赖力，2010	0.021
11	禾草、薹草及杂类草沼泽化草甸/1642，1643	3.90	赖力，2010	0.389
12	禾草、杂类草盐生草甸/1640	3.70	赖力，2010	0.077
13	嵩草、杂类草高寒草甸/1641	1.80	赖力，2010	0.077
14	高山稀疏植被/1326，1327	3.30	赖力，2010	0.063
15	一年一熟粮食作物及耐寒经济作物/2100	5.70	李克让等，2003	0.000
16	无植被地段/3000	0.00	赖力，2010	0.000
17	湖泊/4000	0.00	赖力，2010	0.000

注：（1）本表仅列出乌鲁木齐市范围内的植被类型。（2）植被类型参照中国科学院植物研究所（2001）的分类。（3）碳汇参照值为赖力（2010）结合有关文献的取值。部分生态系统碳汇值空缺，取值采用方精云的做法进行转换。农田、其他无植被区没有进行核算，其植被碳汇能力默认为零。

表 5-4　不同土地利用类型的碳汇能力

土地利 用类型	参考值/［t C/（hm²/a）］			
	全国 （方精云等，2007）	全国 （张梅等，2013）	准格尔盆地荒漠区 （潘竟虎等，2015）	天山山地草地及针叶林 （潘竟虎等，2015）
耕地	0.08	0.13	—	—
林地	0.66	0.52	—	—
草地	0.10	0.05	—	—
水域	—	—	—	—
建设用地		0.00	—	—
未利用地	—	0.00		
植被合计	0.14		4.81	6.68
生态系统 合计	0.29			

注：方精云等（2007）认为中国农作物增加的生物量绝大部分在短期内经分解又释放到了大气中，设定农作物生物量的碳汇为零，本表中耕地仅为其估算的土壤碳汇。由于土壤碳汇不确定，其参照采用欧洲（土壤碳汇约占总碳汇的 30%）（Pacala et al.，2001）和北美的数值（植被碳汇的 2/3）（Janssens et al.，2003）来估算中国土壤碳汇的可能范围。

（3）人口、GDP 的 1 km 网格数据来自中国科学院资源环境科学数据共享中心。借鉴相关研究方法（廖顺宝等，2003；刘红辉等，2005；赵军等，2010；陈振拓等，2012；韩贞辉等，2013；杨瑞红等，2017），基于土地利用类型、道路分布、居民点分布、全国 GDP 普查、全国人口普查及相关统计数据等信息，采用 RS 和 GIS 技术方法处理而获得。每个格网代表每平方公里范围内的 GDP 总产值（万元）和人口数量（人）。

（4）温度、降水网格数据来自中国气象数据共享网。降水、气温网格数据中每个格网代表 1 km^2 范围内 2008 年 12 个月的月平均降水量（mm）和温度（℃）。高程数据来源于地理空间数据云 GDEMV2 30M 分辨率数字高程数据集，坡度数据在 DEM 的基础上作坡度提取得到，每个栅格为 1 km^2 范围内的平均坡度。

（5）在影响因素分析中，将所有涉及碳密度变化的栅格转为矢量点数据，利用多值提取至点工具，与其他各个自变量进行叠加，获取碳密度变化点处对应的自变量，从而得到用于碳密度变化的驱动力分析数据集。剔除异常值，最后获得 199 条数据。

5.3　土地利用变化与碳储量时空演变

5.3.1　土地利用变化情况

5.3.1.1　土地利用结构演变

（1）全市结构变化情况。由图 5-3 可知，全市土地利用类型涉及 25 个二级地类，仅有 4 种二级地类未涉及（山地水田、丘陵水田、滩涂、其他）。2015 年与 1970 年相比，草地变化最大，减少面积最多。建设用地面积增长量最大，且呈现加快趋势：除了 1990—2005 年年均增长率小于 1%；其他时段均超过 3%；1970—1990 年、2005—2010 年、2010—2015 年 3 个时段的年均增长率分别为 3.18%、5.62%、6.10%。

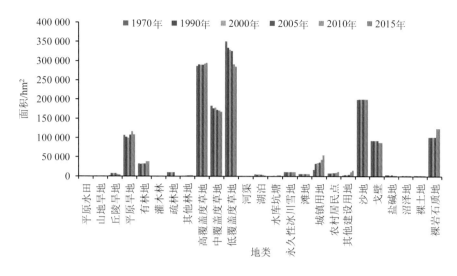

图 5-3　乌鲁木齐市土地利用结构演变（1970—2015 年）

（2）城区结构变化情况。由图 5-4 可知，城区涉及二级地类的 17 个，未涉及二级地类的 12 个，其中湖泊和沼泽地面积在 2015 年均变为零。1970—2015 年总体上与全市的变化情况基本一致，主要不同点在于二级地类数量更少，其建设用地面积比重（33.44%）更大。城镇用地面积增加最大（34 708.01 hm²），先后超过平原旱地、中覆盖度草地和低覆盖度草地，成为比重最大的用地，2015 年的比重达到 26.81%，所占土地主要来自低覆盖度草地、中覆盖度草地及平原旱地。从年均增长率看，建设用地阶段性增长特征显著。城镇用地，除了 1990—2005 年年均增长率小于 1%，其他时段均超过 3%。值得注意的是，2000—2015 年呈现增长的地类有 5 类（占地类总数的 1/3），且集中在建设用地上，其间，年均增长率从高到低依次为其他建设用地（9.86%）、农村居民点（4.82%）、城镇用地（4.80%）、水库坑塘（3.90%）、平原水田（0.71%）。

另外，根据统计资料可知，建成区和城市建设用地面积呈现较快的增长，尤其是 2005 年之后，与本书结果一致，见图 5-5。

5.3.1.2　土地利用空间演变

总体上，乌鲁木齐市土地利用空间变化不大，变化最大的是建设用地，并呈现加剧趋势。

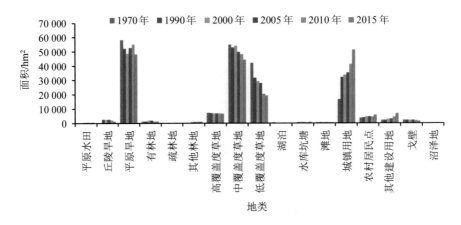

图 5-4　乌鲁木齐市城区土地利用结构演变（1970—2015 年）

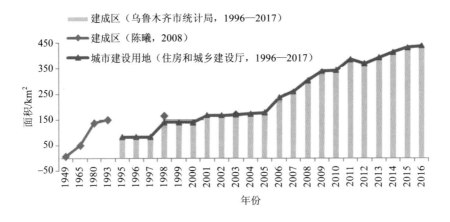

图 5-5　乌鲁木齐市建成区面积演变（1949—2016 年）

（来源：历年"新疆维吾尔自治区城市、县城建设统计年报""乌鲁木齐统计年鉴"等）

　　建设用地方面：城市建设用地向西和向北方向扩展明显，1990 年以来主要分布在北部的米东区、新市区，西部的头屯河区和沙依巴克区。农用地方面：耕地主要分布在城市中心的西北方向和西南方向。林地和草地主要分布在西南角和东北角。水域方面：零散分布在北部和南部，以及东南部地区。未利用地方面：主要分布在最北部、西南角和东北角。1970—2015 年主要时段土地利用变化的空间分布情况具体见图 5-6。

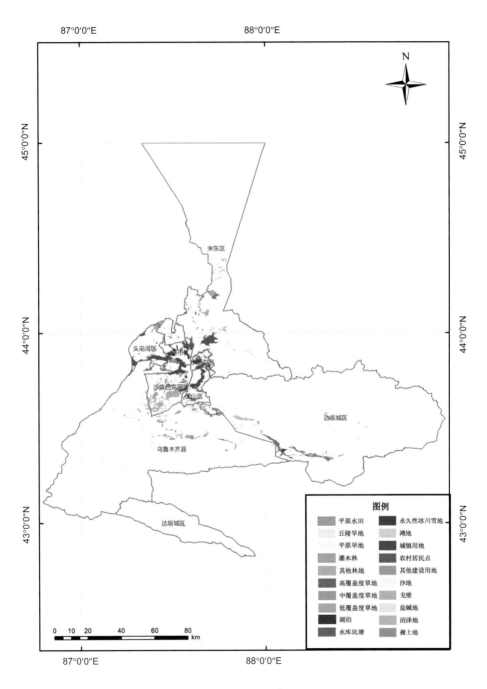

（a）1970—1990 年

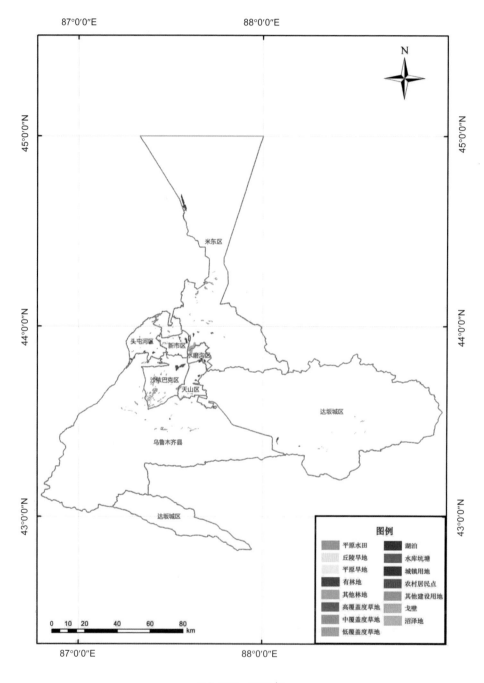

（b）1990—2000 年

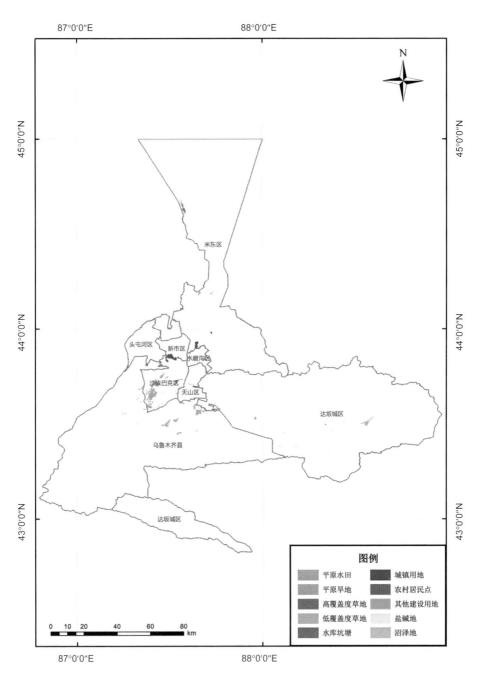

（c）2000—2005 年

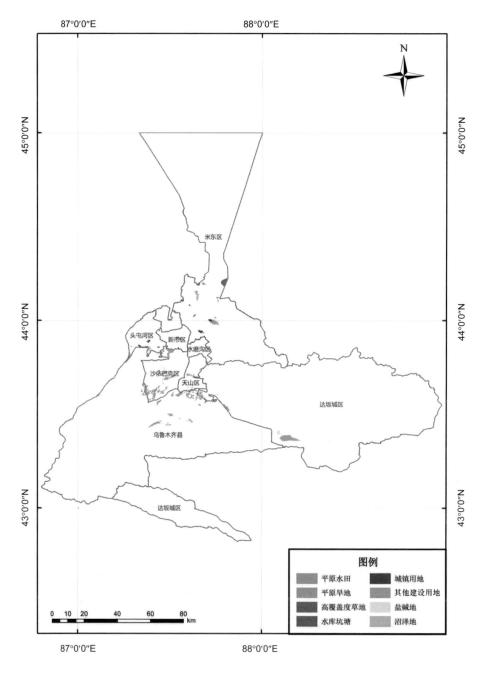

（d）2005—2010 年

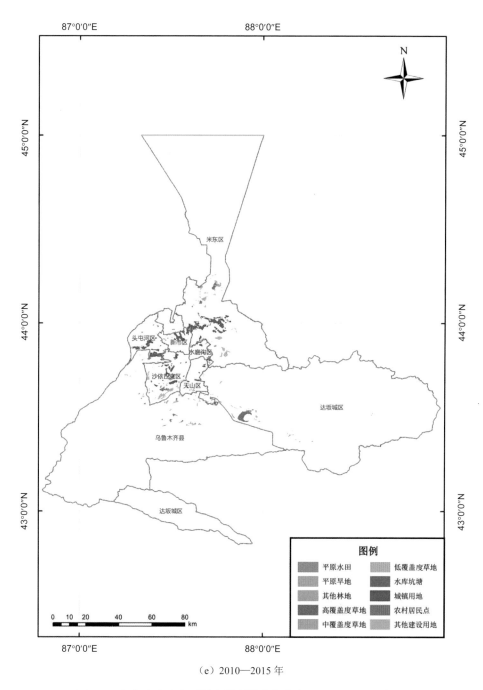

（e）2010—2015 年

图 5-6　乌鲁木齐市各时期土地利用变化分布（1970—2015 年）

（底图来源：中国科学院"中国国家土地利用数据集"）

5.3.2　陆地生态系统碳储量的时间演变

5.3.2.1　不同土地利用类型碳密度

（1）基准年（2000 年）不同土地利用类型的土壤和植被碳储量密度存在较大差异。其一，综合碳密度方面，有林地最高，沙地最低。其二，土壤有机碳密度：占综合碳密度比例均值达到 95%，以河渠和沼泽地最高，沙地最低。其三，植被碳密度：占综合碳密度比例均值仅 5%，有林地和疏林地最高，永久性冰川雪地和沙地最低，见表 5-5。

表 5-5　乌鲁木齐市不同土地利用类型碳储量密度（2000 年）

序号	一级地类	二级地类	二级地类代码	土壤有机碳密度/（t C/hm^2）	植被碳密度/（t C/hm^2）	综合碳密度/（t C/hm^2）
1	耕地	平原水田	113	49.75	5.70	55.45
2		山地旱地	121	118.47	4.33	122.79
3		丘陵旱地	122	87.20	3.73	90.93
4		平原旱地	123	71.51	3.94	75.45
5	林地	有林地	21	135.83	30.75	166.58
6		灌木林	22	82.57	3.47	86.04
7		疏林地	23	138.26	20.54	158.80
8		其他林地	24	66.78	3.94	70.72
9	草地	高覆盖度草地	31	129.71	7.04	136.75
10		中覆盖度草地	32	95.77	2.26	98.03
11		低覆盖度草地	33	64.74	1.64	66.38
12	水域	河渠	41	161.20	2.10	163.30
13		湖泊	42	61.90	1.21	63.11
14		水库坑塘	43	47.48	2.96	50.44
15		永久性冰川雪地	44	60.57	0.95	61.52
16		滩地	46	78.67	2.42	81.08
17	建设用地	城镇用地	51	46.35	5.16	51.51
18		农村居民点	52	69.29	4.33	73.62
19		其他建设用地	53	55.53	3.06	58.59

序号	一级地类	二级地类	二级地类代码	土壤有机碳密度/ ($t\,C/hm^2$)	植被碳密度/ ($t\,C/hm^2$)	综合碳密度/ ($t\,C/hm^2$)
20		沙地	61	20.17	1.01	21.18
21		戈壁	62	47.74	1.26	49.00
22	未利用地	盐碱地	63	50.97	1.08	52.06
23		沼泽地	64	157.31	4.04	161.35
24		裸土地	65	49.15	2.64	51.79
25		裸岩石质地	66	83.91	1.97	85.88

注：本区未涉及的有 4 类，分别为山地水田（111）、丘陵水田（112）、滩涂（45）、其他（67）。

　　一级地类综合碳密度由高到低分别为林地、草地、耕地、水域、建设用地、未利用地，最高值与最低值相差 2.56 倍。本研究（2000）结果与其他研究结果相比，总体一致，表现为各地类碳密度排序一致（见表 5-6）。特别说明，多数研究者没有计算或将水域的碳密度默认为零。根据中国科学院土地利用分类系统的解释可知，滩地等水域用地中不排除存在具有较高碳密度的土壤类型和少量的植被，而且 2000 年乌鲁木齐市水域中碳密度较高的二级地类中永久性冰川雪地、滩地面积比重较高，达 72.01%，因此，本研究也估算水域碳密度值，并将其放入后面碳储量变化的计算中。2000 年乌鲁木齐市陆地生态系统密度分布见图 5-7。

表 5-6　不同土地利用类型碳储量密度比较

地类	土壤有机碳密度（0～100 cm）/ ($t\,C/hm^2$)				植被碳密度/ ($t\,C/hm^2$)		综合碳密度/ ($t\,C/hm^2$)
	本研究 （2000 年）	西北地区 （1990—2000 年）	西北地区 （1995 年）	新疆 （2000 年）	本研究 （2000 年）	西北地区 （1985 年）	本研究 （2000 年）
平均	78.27	—	—	127.8	3.82	—	82.08
耕地	72.55	82.6	82.5	147.77	3.94	7.3	76.5
林地	132.84	176.7	110.9	216.72	27.06	9.8	159.91
草地	95.29	162.4	104.4	184.98	3.74	5.1	99.03
水域	64.69	—	—		1.49	0	66.18
建设用地	51.33	—	68	135.97	4.84	5.1	56.18
未利用地	43.63	—	66.8	95.87	1.33	2.1	44.96

注：①土壤和植被碳密度计算方法与一级地类综合碳密度计算方法一致。②西北地区（1990—2000 年）数据为 1990—2000 年平均值，来自刘纪远等（2004）；西北地区（1985 年，1995 年）数据来自张梅等（2013）；③新疆（2000 年）数据来自颜安（2015），其中建设用地数据是城镇居民点用地对应数据，远大于本研究结果（51.33 $t\,C/hm^2$）。

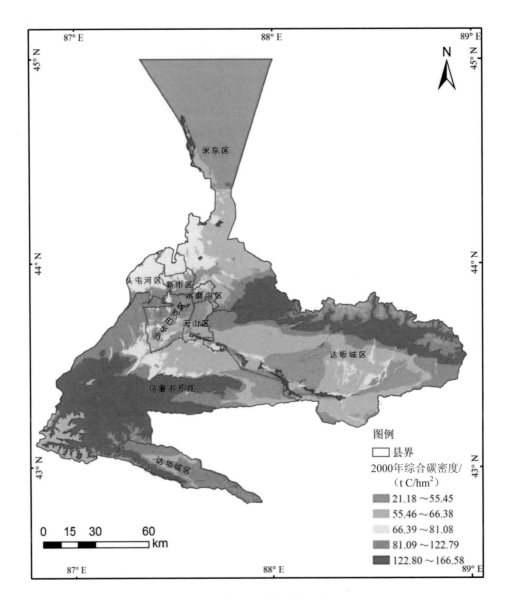

图 5-7　乌鲁木齐市陆地生态系统碳密度分布（2000 年）

（底图来源：中国科学院"中国国家土地利用数据集"）

（2）土地利用类型转变对碳密度变化的影响。基于六大地类的综合碳密度，可得乌鲁木齐市基准年六大地类转变导致的碳密度变化，具体见图 5-8。

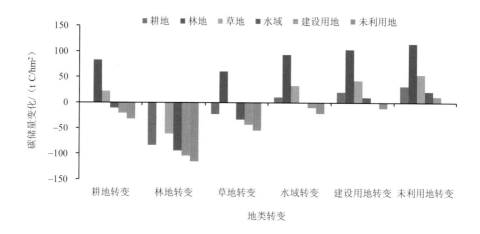

图 5-8　乌鲁木齐市六大地类转变的综合碳密度变化

5.3.2.2　主要年份碳储量变化情况

（1）碳储量总体稳定见图 5-9，各地类的碳储量受面积影响较大。其中，以草地碳储量最高，其次是未利用地，这两种地类面积比重也是最大的。耕地面积比重也较大，其碳密度也较高，故其碳储量排第三；水域碳储量最低。

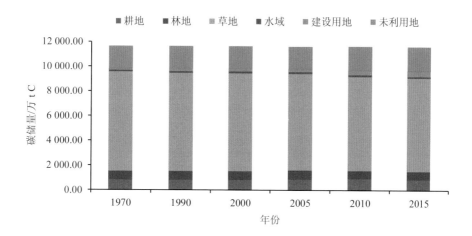

图 5-9　乌鲁木齐市不同土地利用类型碳储量变化

（2）不同土地利用类型转变对碳储量的影响差异较大，总体具有"碳源效应"，且呈阶段性特征。其一，1970—2015年各期土地利用类型转变引致的潜在碳储量累计减少56.66万 t C，1990—2000年年均碳储量减少最少，但自2000年以来，潜在碳储量加剧减少，2010—2015年碳储量年均减少5.36万 t C。土地非农化，尤其是土地城镇化（不含农村居民点和其他建设用地转为城镇用地的情况）的"碳源效应"趋势增强，见图5-10。

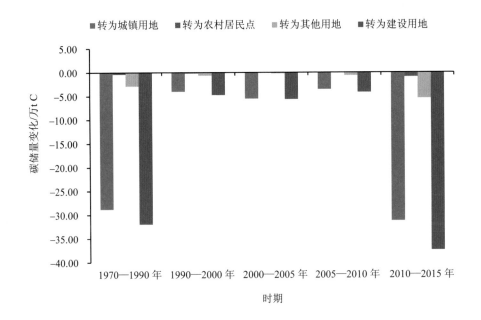

图 5-10　乌鲁木齐市各时期土地利用类型转变对碳储量的影响

其二，从一级地类间转换看，碳储量减少主要在于草地和耕地转为建设用地；碳储量增加主要来自水域、草地转换，尤其表现在水域转为草地、草地改良、草地转为林地，见图5-11。

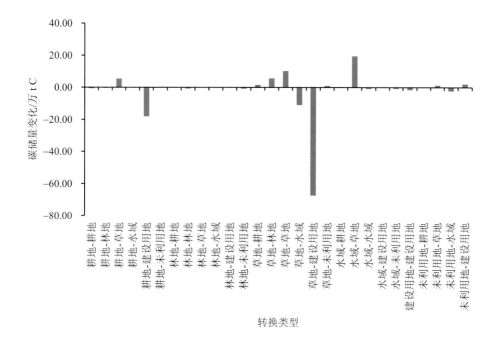

图 5-11　乌鲁木齐市地类转换对碳储量的影响（1970—2015 年）

5.3.3　陆地生态系统碳储量的空间演变

（1）主要年份碳储量空间分布。1970—2015 年，乌鲁木齐市陆地生态系统碳储量空间布局总体较为稳定，变化最大的地区集中在城区范围内。城区碳储量变化较大，呈现从城市中心向南北、东西逐渐递增，其中，中心城区碳储量最低，靠近中心城区南部、北部、东部次之，西端和东端最高。2000 年，城区碳储量占全市碳储量的 13.03%，小于其面积的比重（13.55%）。全市与城区的综合碳密度分布见图 5-12、图 5-13。

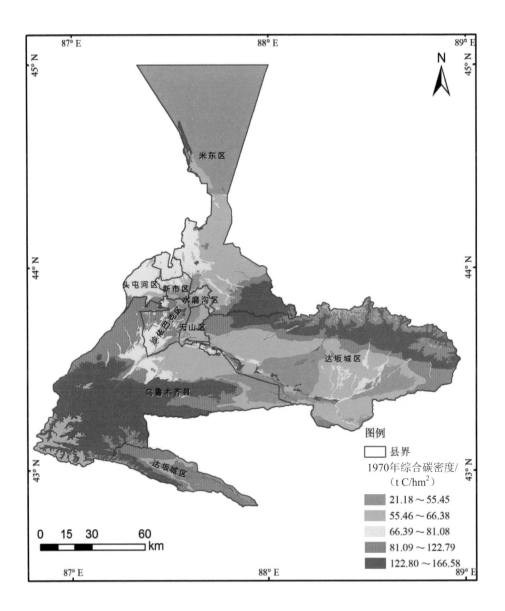

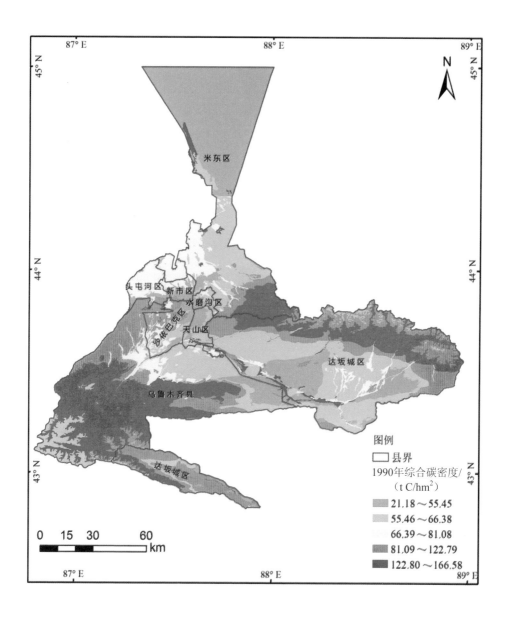

图例

□ 县界

1990年综合碳密度/
（t C/hm²）

21.18～55.45

55.46～66.38

66.39～81.08

81.09～122.79

122.80～166.58

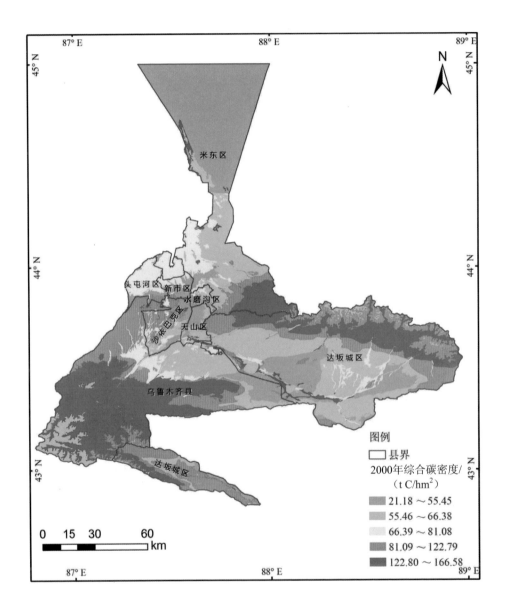

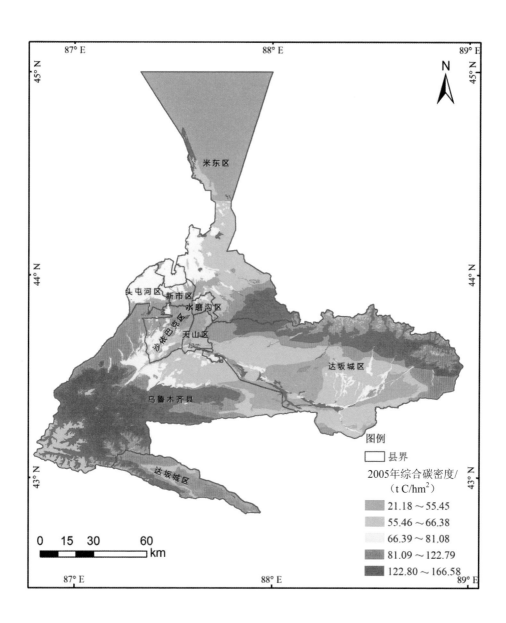

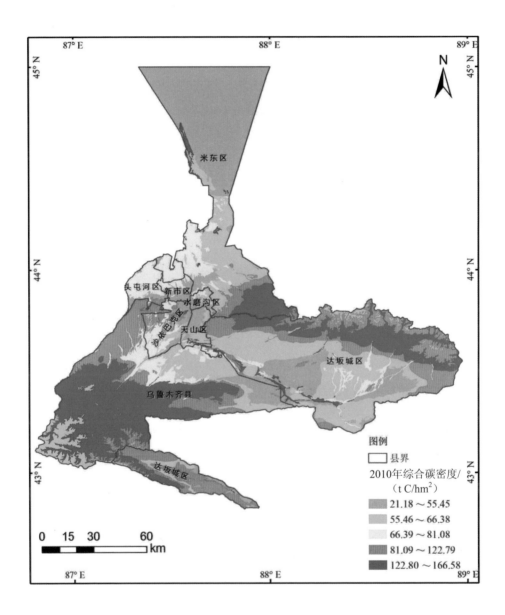

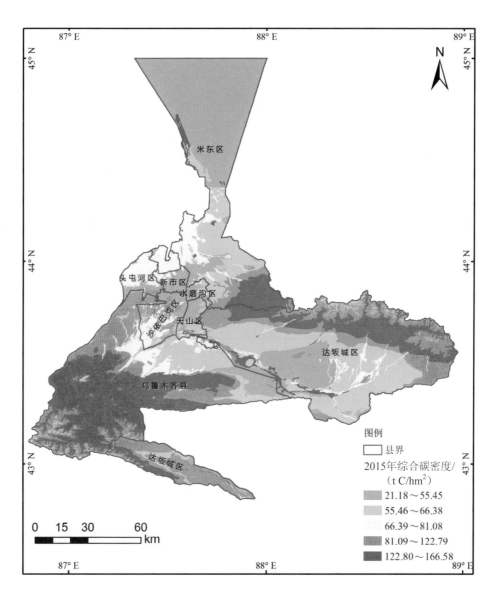

图 5-12　乌鲁木齐市主要年份综合碳密度分布

（底图来源：中国科学院"中国国家土地利用数据集"）

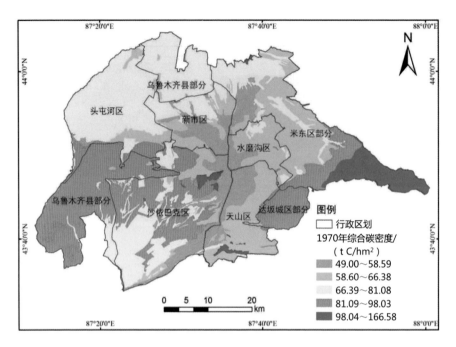

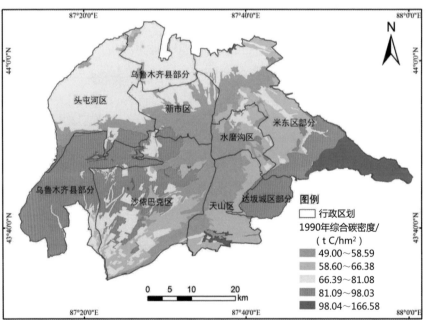

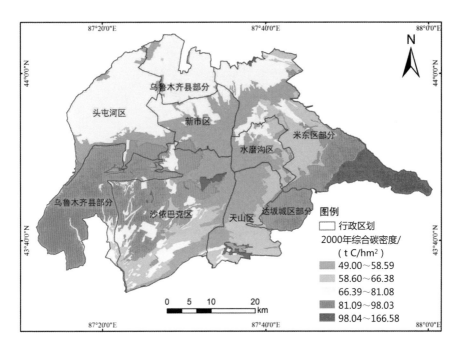

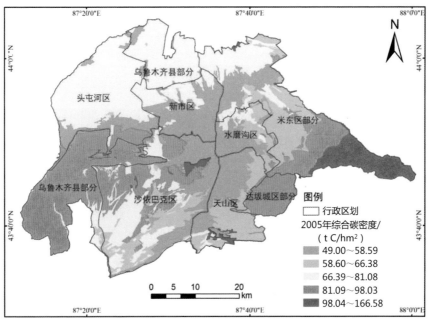

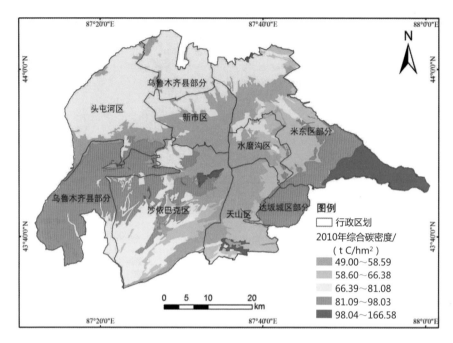

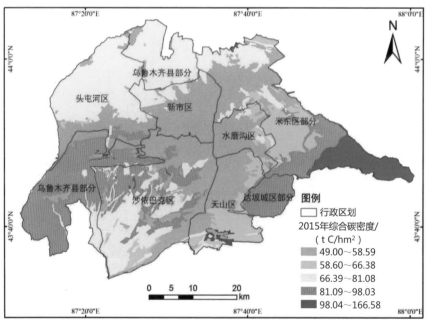

图 5-13 乌鲁木齐市城区主要年份综合碳密度分布

（底图来源：中国科学院"中国国家土地利用数据集"）

（2）主要时期碳储量变化分布。根据变化等级将各主要时期的综合碳储量密度变化分为 7 个区，分布见图 5-14。其中，城区 1970—2015 年各主要时期的碳储量变化主要集中在城镇化地区，围绕原有中心城区主要向西、北逐渐降低。2010—2015年，城区碳储量增加，而全市碳储量略有减少，具体见表 5-7。

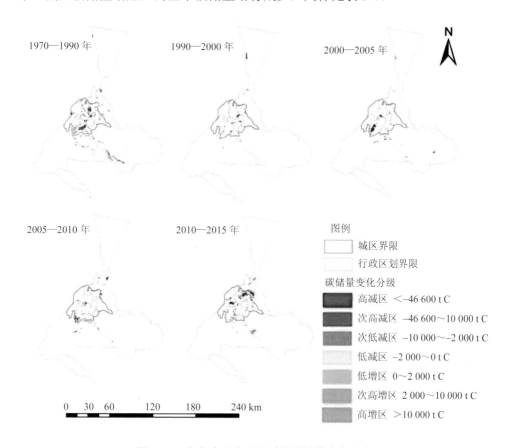

图 5-14　乌鲁木齐市主要时期碳储量变化分布
（底图来源：中国科学院"中国国家土地利用数据集"）

表 5-7　乌鲁木齐市主要年份碳储量变化情况

指标	主要年份			分阶段			
	全市碳储量/万 t C	#城区碳储量/万 t C	#城区比例/%	全市/万 t C	#城区/万 t C	全市变化率/%	#城区/%
1970 年	11 662.66	1 547.65	13.27				
1970—1990 年				−10.91	−37.88	−0.09	−2.45
1990 年	11 651.75	1 509.78	12.96				
1990—2000 年				4.74	9.31	0.04	0.62
2000 年	11 656.49	1 519.08	13.03				
2000—2005 年				−7.32	−12.58	−0.06	−0.83
2005 年	11 649.17	1 506.51	12.93				
2005—2010 年				−9.19	−239.61	−0.08	−15.9
2010 年	11 639.98	1 266.9	10.88				
2010—2015 年				−2.36	182.34	−0.02	14.39
2015 年	11 637.62	1 449.23	12.45				
1970—2015 年				−25.04	−98.42	−0.21	−6.36

5.4　陆地生态系统碳储量演变驱动分析

5.4.1　变量相关性

探索性回归分析发现，年平均气温与降水量和高程，高程与坡度存在较强共线性，且年平均气温与碳密度变化相关性较低，人口变化与碳密度变化相关性不大。为了消除共线性，故剔除年平均气温、人口变化变量，形成包括距市政府距离、高程、年均降水量、坡度和 GDP 变化、建设用地面积变化在内的 6 个自变量，其中，距市政府距离、高程、坡度、建设用地变化与碳密度具有强相关性，年均降水量、GDP 变化与碳密度变化具有弱相关性，见表 5-8。

表 5-8　变量间两两相关系数

	变量	碳密度变化值	年均气温值	坡度	高程	距市政府距离	年均降水量	GDP变化值	建设用地面积变化值
皮尔逊相关性	碳密度变化值	1.000	−0.089	−0.410	0.278	0.757	−0.144	−0.122	−0.501
	年均气温值	−0.089	1.000	−0.173	−0.905	−0.074	−0.913	0.123	0.334
	坡度	−0.410	−0.173	1.000	0.115	−0.456	0.292	0.127	0.237
	高程	0.278	−0.905	0.115	1.000	0.129	0.881	−0.130	−0.396
	距市政府距离	0.757	−0.074	−0.456	0.129	1.000	−0.150	−0.224	−0.392
	年均降水量	−0.144	−0.913	0.292	0.881	−0.150	1.000	−0.082	−0.178
	GDP变化值	−0.122	0.123	0.127	−0.130	−0.224	−0.082	1.000	0.101
	建设用地面积变化值	−0.501	0.334	0.237	−0.396	−0.392	−0.178	0.101	1.000

5.4.2　回归结果

5.4.2.1　逐步回归结果

乌鲁木齐市 2010—2015 年陆地生态系统碳储量变化相关影响因素及其逐步回归结果如表 5-9 所示。

表 5-9　逐步回归结果

变量	变量解释	变量个数	变量均值	回归系数	显著水平	影响方向
1. 因变量						
$\Delta CARBONDENSITY_{2010-2015}$	碳密度变化值	199	−1 038.660			
2. 自变量						
$RAINFALL_{2008}$	年均降水量	199	213.070	−172.997	0.000	−
$ELEVATION_{2008}$	高程	199	876.440	13.998	0.000	+
$DISTANCE$	距市政府距离	199	24.480	104.069	0.000	+
$\Delta LANDCONS_{2010-2015}$	建设用地面积变化量	199	0.470	−496.482	0.086	−
3. 常数项				21 238.433	0.000	+

表 5-10　逐步回归模型概要

模型	R	R^2	调整后的 R^2	标准估算的错误	更改统计量				
					R 方变化	F 更改	$df\,1$	$df\,2$	显著性 F 更改
1	0.757[a]	0.573	0.570	1 968.044	0.573	263.958	1	197	0.000
2	0.789[b]	0.622	0.618	1 856.036	0.049	25.495	1	196	0.000
3	0.796[c]	0.633	0.627	1 832.940	0.011	5.970	1	195	0.015
4	0.927[d]	0.859	0.856	1 140.670	0.226	309.515	1	194	0.000

注：a：预测变量：（常量），距市政府距离；
　　b：预测变量：（常量），距市政府距离，建设用地面积变化值；
　　c：预测变量：（常量），距市政府距离，建设用地面积变化值，高程；
　　d：预测变量：（常量），距市政府距离，建设用地面积变化值，高程，年均降水量；
　　因变量：碳密度变化值。

　　逐步回归结果表明，回归模型优度较好，R^2 达到了 0.859，调整后的 R^2 也达到了 0.856，说明自变量可以解释 85% 以上的碳密度变化，F 统计量为 309.515，显著性为 0.000，说明显著性较好。从各个自变量来看，回归系数显著性也较好。模型回归结果残差量较大，为 1 140.67，说明在部分碳密度变化区域回归效果并不好，可能存在自变量合理性问题。回归结果中，距市政府距离和高程为正向指标，建设用地变化和年均降水量为负向指标，建设用地回归系数和年均降水量回归系数绝对值都较大，回归系数分别为 −496.482 和 −172.997；距市政府距离的回归系数也较大，为 104.069，而高程回归系数最小，为 13.998。在解释贡献率上，距市政府距离可以解释 57.3%，建设用地面积变化可以解释 4.9%，高程可以解释 1.1%，年均降水量可以解释 22.6%。

5.4.2.2　进入法回归结果

　　进入法回归相比逐步回归，可以将可能对碳密度变化影响较大的指标全部纳入回归模型，它是在前期相关分析和共线性分析的基础上剔除部分效果不好的变量后，将剩余自变量均纳入模型的考虑因素中进行回归，见表 5-11。

表 5-11　进入法回归结果

变量	变量解释	变量个数	变量均值	回归系数	显著水平	影响方向
1. 因变量						
$\Delta CARBONDENSITY_{2010-2015}$	碳密度变化值	199	-1038.660			
2. 自变量						
$\Delta GDP_{2010-2015}$	GDP 变化值	199	3 128.01	0.016	0.161	+
$\Delta LANDCONS_{2010-2015}$	建设用地面积变化值	199	0.470	-472.205	0.105	-
$RAINFALL_{2010}$	年均降水量	199	213.07	-171.392	0.000	-
$SLOPE_{2008}$	坡度	199	5.170	-13.131	0.589	-
$ELEVATION_{2008}$	高程	199	876.440	13.970	0.000	+
$DISTANCE$	距市政府距离	199	24.480	105.205	0.000	+
3. 常数项				20 899.227	0.000	+

由表 5-12 可知，进入法回归结果模型优度为 0.860，调整后 R^2 为 0.856，标准估算错误为 1 140.14，F 统计量为 196.910，模型总体显著性较好，但 GDP 变化，建设用地面积变化、坡度显著性大于 0.05，效果不好。因此，虽然进入法在模型优度和回归误差方面均略优于逐步回归结果，但要较准确解释碳密度变化的驱动力，逐步回归模型结果更好。

表 5-12　进入法回归模型概要

模型	R	R^2	调整后的 R^2	标准估算的错误	更改统计量				
					R 方变化	F 更改	df 1	df 2	显著性 F 更改
1	0.927	0.860	0.856	1 140.140	0.860	196.910	6	192	0.000

以上驱动力回归结果表明，在模型优度和残差量上逐步回归和进入回归差别不大，但从单一变量显著性和自由度以及回归系数稳定性方面来看，逐步回归模型得到的四变量模型较稳健，且因子对碳密度变化的影响显著，而 GDP 变化、坡度对碳密度变化的影响不显著。

5.4.3 驱动因素分析

回归结果表明，影响乌鲁木齐市陆地生态系统综合碳密度的驱动因素主要为自然因素和自然—社会经济耦合因素。碳密度变化的 57% 左右可以被距市政府距离解释，22% 可以被年均降水量解释，4.9% 可以被建设用地面积变化解释。

（1）自然因素。回归结果表明，高程与碳密度变化相关性较为显著，对碳密度变化的影响是正向的，即高程越高，碳密度增加越大，碳密度减少集中在高程较低地区。这与新疆干旱区、黄土高原等地区的相关研究结果（许文强等，2009；曹华，2012）是一致的。综合碳密度变化与年均降水量关系显著（王德旺，2013），且呈负相关性，即年均降水量越少的区域，碳密度变化越大，总体上其综合碳密度是增加的。需要说明的是，由于土壤碳占综合碳储量的主要方面，因而对综合碳密度的影响具有决定性作用；年均降水量增加有利于植被及其碳储量的增加，但土壤碳可能因降水产生水侵而减少。

（2）区位因素。回归模型中，距市政府距离与碳密度变化呈正相关，即距离城市政府越远，碳密度变化的减少越少或增加越多。碳密度变化的区域集中在距离城市重心 7～50 km 范围。通过空间叠置分析表明，在距市政府 30 km 以内，碳密度变化的方向都是减少，且距离市政府越近，碳密度减少越多；在距市政府 30～50 km 碳密度变化的方向总体是增加，且在市政府的南部和西南部区域增加明显，北部区域部分略有减少，部分有较少增加，可见图 5-15、图 5-16。

（3）经济社会因素。产业结构、耕地占补平衡、城市规划布局等在较大程度上影响着地区经济发展规模、水平和速度，以及城市发展空间扩展的方向。土地利用变化，尤其是土地城镇化，是各类经济社会因素共同作用的结果。回归结果表明，建设用地变化与陆地生态系统碳密度变化具有强相关性且呈负相关，说明建设用地增加越多，陆地生态系统碳密度减少就越多；在距市政府 6～30 km 的范围内，建设用地连片增加明显，在这些区域，碳密度也明显减少，因此，建设用地的扩张会极大地降低区域碳储能力，使城市成为碳储量减少的一个重要源头。综合碳密度变化与建设用地变化的空间关系见图 5-17。

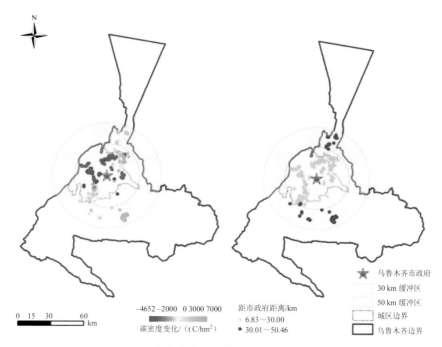

图 5-15　乌鲁木齐市碳密度变化与距市政府距离的空间关系
（底图来源：中国科学院"中国国家土地利用数据集"）

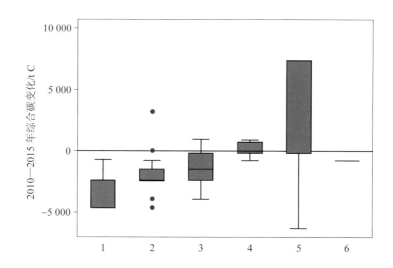

图 5-16　乌鲁木齐市不同区位的综合碳变化箱图

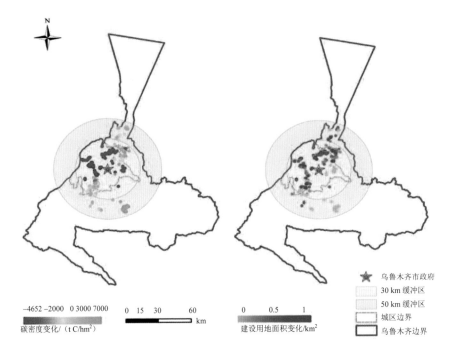

图 5-17 乌鲁木齐市碳密度变化与建设用地变化空间关系
（底图来源：中国科学院"中国国家土地利用数据集"）

5.4.4 稳健性检验

考虑到变量选取和变量间的相关性问题可能对模型结果有不利影响，故对原模型的回归结果进行稳健性检验。由前文可知，在考察的变量当中，区位对碳储量变化的影响最大，因此重点考察不同区位变量指标可能存在的影响。

（1）区位变量选取影响的检验。表征区位的指标不仅包括"距市政府距离"，还包括"距中心城区重心距离""距经济重心距离"等。实际中可能存在多经济中心的情况，例如以商圈为经济中心，而商圈又呈现多地分布。乌鲁木齐市主要商圈分布在不同的区，如天山区的中山路—小西门、头屯河（经开）区的万达广场、新市区的铁路局、沙依巴克区的友好路等；经济产出在空间上也并非连续的变化。在原模型中，选用了各个样本单元的经济变化量（"GDP 变化量"），一定程度上考虑了不同位置样本单元上经济变化的影响，故本书采用"距中心城区重心距离"，进一步考察区位变量选取带来的影响。

首先计算中心城区重心，以及各样本点到中心城区重心的距离，重新进行回归分析。其回归结果与采用"到市政府距离"的结果基本一致。同时，需要指出的是，在"距中心城区重心距离"作为控制变量的回归结果中，核心解释变量"建设用地面积变化值"的回归系数总体稳健为负；不同的是，区位变量更新后，其显著水平有较大下降，而总体模型 R^2 略有降低，VIF 略有增加。这说明，原模型拟合相对较好。见表 5-13。

表 5-13　回归结果对比（区位变量更新后）

变量	逐步回归模型		逐步回归模型（区位变量更新后）		进入回归模型		进入回归模型（区位变量更新后）	
	回归系数	显著水平	回归系数	显著水平	回归系数	显著水平	回归系数	显著水平
GDP 变化值					0.016	0.161	0.010	0.397
建设用地面积变化值	−496.482	0.086	−221.123	0.457	−472.205	0.105	−191.687	0.522
年均降水量	−172.997	0.000	−156.505	0.000	−171.392	0.000	−154.983	0.000
坡度					−13.131	0.589	−20.792	0.393
高程	13.998	0.000	13.246	0.000	13.970	0.000	13.225	0.000
距市政府距离	104.069	0.000			105.205	0.000		
距中心城区重心距离			107.523	0.000			106.400	0.000
常数项	21 238.433	0.000	18 323.010	0.000	20 899.227	0.000	18 105.490	0.000
R^2	0.859		0.857		0.860		0.858	
Mean VIF	4.380		4.980		3.410		3.790	

本书选择"距市政府距离"作为区位变量，这是"距中心城区重心距离"难以涵盖到的方面。采用类似"距政府所在地的距离"作为变量，实证表明，距离主城区更近的新城更具经济效率（常晨等，2017）。根据简单的相关性分析，初步发现，"距市政府距离"与"建设用地面积变化量"负相关（相关系数为−0.392）。

通过比较发现，市政府处于中心城区范围内，基本处于大致中间的位置，且与"市中心城区重心"偏差不大，相距约 7 km。根据中心城区重心计算得到的区位数据，与根据市政府中心计算得到的区位数据，两者样本的差值平均值为 1.43 km，两者相关系数为 0.939 5。因此，选取"距市政府距离"作为区位变量，对于乌鲁木齐市而言，是较为适合的①。

（2）变量相关性问题的检验。由上可知，"建设用地面积变化"与"距市政府距离""GDP 变化值"存在一定的相关性，放到同一模型中进行回归，可能存在共线性问题。不过，在回归模型检验中，平均 *VIF* 为 4.98（<10），没有严重共线性问题，其对回归结果影响不大。同时，也剔除了区位变量，重新进行回归，其结果存在差异，但基本一致；随后进一步剔除"GDP 变化值"，重新回归（由表 5-14 可知）。在进入回归模型的基础上，剔除了区位变量后，平均 *VIF* 和 R^2 均有所下降；在逐步回归模型的基础上，进一步剔除 GDP 变化值和坡度后，平均 *VIF* 和 R^2 均有所下降，"建设用地面积变化值"回归系数的显著性有较大提高。由此可见，"建设用地面积变化值"回归系数稳健为负，且总体上通过显著性检验。这说明，原模型具有良好的稳健性；也说明了建设用地变化对碳储量变化具有显著且稳健性影响。

表 5-14 回归结果对比（剔除区位变量后）

变量	逐步回归模型		逐步回归模型（剔除区位变量后）		进入回归模型		进入回归模型（剔除区位变量后）	
	回归系数	显著水平	回归系数	显著水平	回归系数	显著水平	回归系数	显著水平
GDP 变化值					0.016	0.161	−0.005	0.700
建设用地面积变化值	−496.482	0.086	−1 138.409	0.002	−472.205	0.105	−940.434	0.010
年均降水量	−172.997	0.000	−226.755	0.000	−171.392	0.000	−215.399	0.000
坡度					−13.131	0.589	−87.232	0.003

---

① 特别需要指出，对于不同城市而言，适合选取的区位变量指标往往可能存在差异。例如，市政府从老城区迁到新城区的城市和市政府在老城区的城市存在较大区别。同时，考虑到行政管理具有严格的层级制度，在省会城市范围内，用"距市政府距离"比"距省政府距离"更为合适。

变量	逐步回归模型		逐步回归模型（剔除区位变量后）		进入回归模型		进入回归模型（剔除区位变量后）	
	回归系数	显著水平	回归系数	显著水平	回归系数	显著水平	回归系数	显著水平
高程	13.998	0.000	17.872	0.000	13.970	0.000	17.315	0.000
距市政府距离	104.069	0.000			105.205	0.000		
距中心城区重心距离								
常数项	21 238.433	0.000	32 146.630	0.000	20 899.227	0.000	30 589.780	0.000
R^2	0.859		0.768		0.860		0.779	
Mean VIF	4.380		4.270		3.410		3.210	

5.5　地方政府土地管理行为的影响

由前文可知，全市和城区的土地非农化，尤其是土地城镇化是其中重要的内容，也是导致碳储量下降的重要原因。在此进一步阐释土地利用变化背后地方政府土地管理行为可能的影响。第 4 章实证结果可知，建设用地审批、土地供应、土地收入等方面对城镇扩展具有显著影响。本节将借鉴其指标，对乌鲁木齐市进行案例分析。

5.5.1　用地审批的影响

根据"乌鲁木齐市国土资源综合统计报表""新疆维吾尔自治区国土资源综合统计资料册"上的数据整理可知：其一，审批新增建设用地面积与省级审批比重"奇怪"地呈现逆向变化。如 2000—2002 年以及 2013—2015 年省级审批新增建设用地面积比重在 60%左右，且审批新增建设用地面积相对较大，2003—2009 年，省级审批新增建设用地面积比重为 100%，而审批新增建设用地总面积相对非常低。这可能说明了，乌鲁木齐市城市扩张受到国家项目的影响较大。国家项目的引入极大地促使地方政府"被压抑"的城市扩张需求得以释放和实现。其二，在审批的建设用地中新增建设用面积比重非常高。例如，2013—2015 年，其比重超过 90%；其中，农用地转用比重超过 50%，而且省级审批占比超过一半。这表明，城市扩张呈现显著的"摊大饼"趋势，地方政府审批权限具有助推作用。见图 5-18。

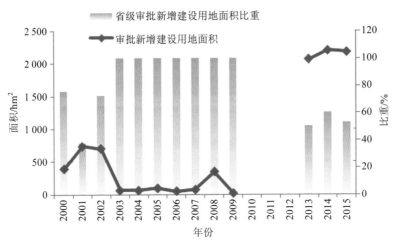

图 5-18　乌鲁木齐市建设用地审批情况（2000—2015 年）

（来源：部门调研数据）

5.5.2　土地供应的影响

　　根据历年"乌鲁木齐市国土资源统计年报"可知：其一，乌鲁木齐市协议出让面积比重呈现快速下降趋势，2007 年以后趋于平稳，基本维持在 19%左右，高于 2008—2014 年各省区市的平均水平（12.87%）和新疆平均水平（14.28%）（根据中国国土资源统计年鉴数据计算）。其二，出让面积中新增比重先小升后下降，再快速上升，2010 年以后快速上升，接近 70%。其中，协议出让面积比重中新增比重变化趋势类似，于 2013 年其比重超过 70%。这说明，土地出让具有显著的"扩张"特征，协议出让强化了"扩张"特征。其三，土地抵押价款具有明显的阶段性跳增趋势。2003—2009 年，均在 100 亿元以内，在 2010—2013 年，维持在 40 亿～60 亿元，在 2014—2015 年急速增加到 80 亿元以上，而且单位面积土地抵押价款是土地出让价格的 2 倍以上，除 2008 年和 2009 年小于 1 以外，其他年份均大于 1，最高达到 4.2（2005 年）。这说明，土地出让带来新增建设用地，为土地抵押融资提供了良好的条件，反过来，土地抵押又为土地开发和建设提供了更多资金。见图 5-19。

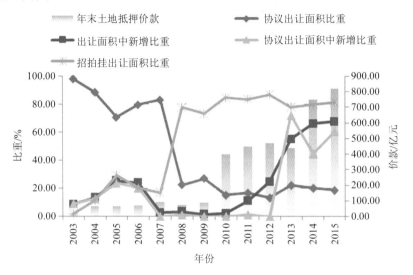

图 5-19　乌鲁木齐市土地出让面积情况（2003—2015 年）

（来源：部门调研数据）

5.5.3　土地收入的影响

由于不同来源数据存在一定差异，本书按照"下位优先"和"来源统一"的原则，综合取舍并选取了相关指标的统计数据。根据数据可知，其一，财政自给率呈现下降趋势，而土地出让收入出现不断扩大的趋势。从 2009 年开始，财政自给出现"入不敷出"的现象，而土地出让收入总体上呈现加快扩大的趋势，这可能说明，财政压力较大，一定程度上导致地方政府对土地财政的依赖。总体上，土地出让收入占比先增后稳定，基本维持在 20% 左右。

考虑房产税、土地增值税等税收收入，其占比更大，见图 5-20。通过部门调研，获取乌鲁木齐市 1998—2011 年历年四类土地收入（房产税、土地增值税、契税、土地出让金）、财政预算收入和财政决算收入数据。根据整理可知，1998—2011 年，乌鲁木齐市土地收入占财政收入比重呈现总体增长较快，维持较高水平，即由 1998 年的 11% 左右增加到 2007 年的 26% 左右，2007 年之后维持在 25% 左右；其间，四类土地收入在 2007 年占财政决算收入比重最高达 32%。

图 5-20　乌鲁木齐市土地收入比重情况（1998—2011 年）

（来源：部门调研数据）

其二，土地抵押价款总体上是地方财政收入的 1.20 倍，仅 2003 年、2008 年和 2009 年小于地方财政收入，其他年份均大于财政收入，2010 年超过 2.0 倍。由此可见，土地抵押可能是缓解城市建设资金相对不足的重要路径。见图 5-21。

图 5-21　乌鲁木齐市土地收入、抵押贷款情况（2000—2015 年）

（来源：历年"新疆维吾尔自治区国土资源综合统计资料册"和部门调研数据）

　　以上地方政府土地管理行为助推了城市扩张。为进一步考察城市扩张，再从人地匹配关系角度，选用人口密度指标进行分析。一方面，采用"全市人口/全市总面积"来计算全市的人口密度，由于土地面积既定，人口增加，故人口密度呈现增长的趋势；另一方面，采用"全市非农业人口/建成区面积"来初步估算建成区范围的人口密度，结果见图 5-22。结果表明，建成区人口密度总体趋于下降，即非农业人口的增长显著慢于建成区的扩张速度，这与全国各省区市的总体变化趋势基本一致。

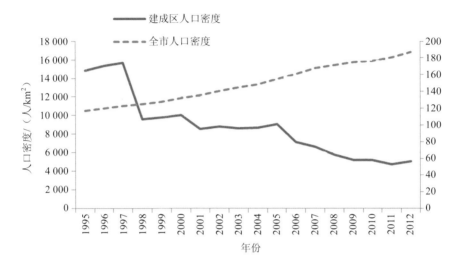

图 5-22　乌鲁木齐市人口密度变化趋势（1995—2012 年）

（来源：历年"乌鲁木齐市统计年鉴"）

　　土地非农化导致土地利用变化，成为碳储量下降的重要驱动因素；同时，土地非农化促使城市面积扩张快于人口集聚速度，导致建成区人口密度下降，空间效率下降，一定程度上加剧城市能源消耗，导致城市碳排放增加。根据蔡博峰等（2017）和蔡博峰等（2018）建立的中国城市二氧化碳排放数据集可知，乌鲁木齐市 2005 年和 2012 年二氧化碳排放分别为 3 712 万 t、5 287 万 t。受历年数据所限，本书根据《新疆统计年鉴》上的工业能源消费量，参考相关碳排放系数，估算乌鲁木齐市近年来工业能源碳排放。由图 5-23 可知，总体上乌鲁木齐市碳排放增长趋势明显，由于工业能源碳排放占总的碳排放的绝大部分，因此其变化趋势总体可反映出乌鲁木齐市总的碳排放变化趋势。

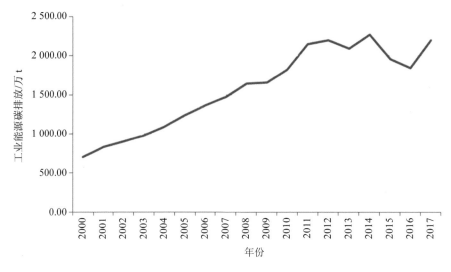

图 5-23　乌鲁木齐市工业能源碳排放变化趋势（2000—2017 年）

5.6　本章小结

（1）自然因素是影响碳储量的重要原因，土地利用变化是碳储量变化的关键原因，其中经济因素是主要驱动。土地城镇化过程是陆地生态系统碳储量减少的主要驱动因素之一，因此，碳储量时空演变对城市低碳土地利用及其布局规划具有较强的政策启示。而地方政府的建设用地审批、土地出让方式选择、土地收入依赖可能是促使土地利用变化，尤其是土地城镇化的重要原因。

（2）干旱半干旱区陆地生态系统碳储量受其土地利用现状及其变化特点的影响较大。1970—2015 年，乌鲁木齐市土地面积变化最大的是草地，减少73 819.75 hm²；其次是建设用地，增加 54 845.83 hm²；排第三的是未利用地，增加了 16 605.28 hm²。其中，在城市扩张中，草地（低覆盖度草地）被占用的比重最高，而未利用地所占的比重很小。中东部地区城市扩展中占有的耕地、林地等较高碳储量的地类较多（揣小伟，2013；张梅等，2013）。揣小伟等（2011）计算了 1985—2005 年江苏省土地利用变化导致碳储量的变化，结果表明，建设占用耕地、林地导致的碳储量减少量分别占建设占用导致的碳储变化量的

92.21%和 3.98%。2010—2015 年，乌鲁木齐市建设占用导致碳储量变化最大的是草地，占 80.55%，耕地为 21.55%，林地仅占 0.02%，而建设用地占用未利用地促使碳储量增加，占 2.45%。相较而言，西北干旱区城市土地利用特征决定了其扩张对于碳储量的影响较小。这与新疆自然植被本底较差引致的结果判断一致（张建松，2009）。

第6章
基于低碳发展视角的土地利用调控体系

　　土地利用变化，尤其是土地非农化，对区域碳排放的影响尤为显著，而地方政府是推动土地非农化的极为重要的主体。那么，基于低碳视角，如何有效优化地方政府土地管理行为，使得土地要素成为地方政府积极促进低碳发展的重要抓手而不是加剧碳排放的推手？结合前文实证研究，同时借鉴相关文献（卢现祥等，2011；齐晔等，2013；赵荣钦等，2014），本书构建了基于低碳视角的土地利用调控体系，主要包括五个调控策略要点和六个调控机制，调控策略要点包括核心目标、关键路径、基本关系、重要工具和主要环节等五个方面。调控机制包括目标决策、压力传导、激励分配、资源调控、监督约束和部门协调等六个方面。

　　特别需要说明的是，前三章实证，验证了地方政府土地管理行为对区域碳排放具有显著的影响，其影响过程不仅包括城镇人地的空间匹配关系，还包括工业用地供应规模、方式和价格，以及土地城镇化等。为了较为系统地构建土地利用调控的框架，本章还借鉴了现有关于企业/公众与政府关系对碳排放的影响（卢现祥等，2011）、区域系统碳循环的土地调控政策体系（赵荣钦等，2014）和碳排放治理体系（齐晔等，2013）等方面的研究成果。

6.1　调控策略要点

　　调控策略五要点中，核心目标是调控的方向，关键路径是调控的手段，基本关系涉及调控的基本主体，重要工具和主要环节是调控的必要抓手和着力点。

6.1.1　核心目标

低碳发展是实现高质量发展和可持续发展的重要路径。在本书中，土地利用调控的核心目标是低碳发展。需指出的是，土地非农化作为土地利用变化的重要内容，对经济、社会和生态环境均具有影响，因此政府对其调控的目标还涉及经济增长、社会发展等方面的内容（曲福田等，2010），这与低碳发展目标存在相互关系。本书认为，土地利用调控的低碳发展方向，有利于促进经济高质量发展。在传统的 GDP 锦标赛体制下，地方政府偏向通过土地非农化获得更多的经济收入，但随着环境污染问题凸显、自然资源管理制度和环境治理体系的完善，尤其是生态文明建设得到中央的高度重视和民众越来越广泛的共识，绿色低碳发展在地方政府众多目标中的地位也随之越来越高。

6.1.2　关键路径

土地利用变化一方面直接影响陆地生态系统碳储量的变化，另一方面通过产业活动、用地强度等方面间接影响碳排放。因此，土地利用变化是土地非农化影响碳排放的关键路径。需要说明的是，人口变化直接引致土地需求和产业变化，人地配置和用地布局最终通过影响交通等行业影响碳排放，用地强度通过作用空间效率影响建筑、交通等方面的碳排放。

地方政府在土地利用变化尤其是非农化过程中发挥着很大的作用，通过规划和计划、建设审批等途径影响到土地非农化的规模、布局、进度等。土地非农化直接影响土壤、植被及区域生态景观，往往会导致碳储量和碳汇量下降。因此，需要合理控制土地非农化的规模和速度，尤其要限制对具有重要碳汇功能用地的占用，如林地等，同时，也要注重城市建成区内部绿地的保护和建设（朱超等，2012）。

地方政府乐于加快土地非农化的一个重要原因就是发展产业，通过土地驱动产业发展来促进经济增长。产业变化既是引致土地利用变化的原因，也是土地利用变化的外在表现。产业活动需要相应的产业用地作支撑，不同的产业类型意味着不同的碳排放强度（赵荣钦，2010），而一些地方政府在推动产业发展过程中，往往忽略或者不重视伴随的污染排放，对碳排放更是不关心。因此，土地非农化，需要合理确定产业结构，科学配置产业用地（赵荣钦，2011）。土地配置给非农产业，除了适当控制其规模，还需考虑土地供应的方式和价格，适当提高环境规制，促进产业结构向低碳方向发展。

地方政府在推动城镇化方面具有很大的动力，但"要地不要人"的情况常常发生，从而导致土地城镇化快于人口城镇化，城镇人口密度不升反降，不利于国土空间利用效率的提升。用地强度变化是土地利用变化和人口等要素综合作用的结果，一定程度上反映了土地集约利用水平。研究表明，土地集约水平对碳排放具有显著影响，提高土地集约水平有利于降低碳排放（许恒周等，2013）。随着空间治理的完善和国土空间规划的编制和实施，人、地等空间要素的集约高效化配置将成为国土空间低碳化利用的重要路径。

6.1.3 基本关系

在某种程度上，调控是对相关主体关系的调整和控制。在土地非农化过程中涉及政府（包括中央和地方政府）、企业、公众、被征地农户等利益相关者，而节能减排过程涉及的主体主要是政府、企业和公众。其中，政府是土地非农化的供给者、监管者和调控政策制定者，企业是土地非农化的需求者和调控政策执行者，公众是土地非农化的社会监督者。因此，基于低碳视角的土地利用调控涉及的基本主体为政府（包括中央和地方政府）、企业和公众。

第一个基本关系是中央政府与地方政府的关系。碳排放显著的外部性决定了政府在碳减排中的引导者地位。政府，总体上可分为中央政府与地方政府，两者存在委托—代理关系。在传统的中国式分权体制、政治锦标赛制度和土地征收制度下，两者对环境保护、节能减排和土地非农化的看法和做法存在一定偏离，这使得地方政府在土地非农化过程中忽视环保和节能减排，使得国家政策难以落到实处。因此，加强地方政府节能减排目标责任的考核力度是极为有力的措施（周黎安，2017）。

第二个基本关系即政府与企业的关系。政府为碳排放的监管者，而企业是土地非农化的使用者和碳排放的最大主体，其活动直接影响到土地非农化和碳排放的规模、速度和强度。政府减少对企业的干预有利于政府建立和强化二氧化碳减排治理约束机制（卢现祥等，2011），因此需要适当"放权"于企业，让市场在资源配置中起到决定性作用。企业参与低碳发展和节能减排的激励不足是制约企业碳减排的主要原因。2017年12月，全国碳排放权交易市场顺势而立，这有利于促进企业改进技术，优化能源结构，节能减排。政府的职责就是合理分配碳排放配额，做好市场监管和服务。

第三个基本关系即政府与公众的关系。广义上的公众，不仅包括居民，还包括社会团体、非政府组织等。公众既是碳排放的制造者，也是重要的社会监督者，同时，公众的参与有利于区域碳减排（卢现祥等，2011）。而信息公开是公众参与监督的重要条件，其信息不仅包括环境污染、碳排放，还包括土地利用、建设项目用地的环保指标等情况。公共信息（除了涉密的）的封锁或者不公开只会加大公众的"反感"或者不必要的"误会"，这既不利于公众对政府的监督，更不利于社会参与政府碳排放治理、土地违规违法监督。

需要指出的是，实际中存在着一种现象，即某企业迫于公众压力放弃具有较大污染的建设项目，但是，公众能做到的主要是"施压"，建设项目能不能落地的最终决策权在企业和政府的手里。因此，现实中，仍有污染项目落户到原来的地区或转移到其他某个地区，这其中不乏"政企合谋"等问题（卢现祥等，2011；卢现祥等，2012；张莉等，2013）。因此，企业与公众的关系，往往通过政府这个"平台/中介"来实现，从而影响用地法规政策、建设项目落地及其碳排放。

6.1.4　重要工具

一般来讲，政策工具主要分为政府干预工具（如行政、税收）、市场政策工具（产权制度等）；也可以分为法规、行政、经济、技术、制度等政策工具。土地利用变化是各方力量共同作用的结果，其中政府的作用尤为关键，而且土地过度非农化问题的主因在于地方政府。本书认为"解铃还需系铃人"，因此，重点就政府角度展开论述。土地利用调控的重要工具包括规划、财税、考核、督察等。

符合规划是土地利用合法的必要前提。土地利用规划为土地开发利用的规模、速度和布局做了统一的安排。现实中，地方政府往往更多关注经济增长而忽视低碳发展（齐晔，2013），尽可能地争取更多建设用地指标，尤其是新增建设用地指标，同时，地方土地非农化速度往往快于规划设定的速度，可能出现一年就用完五年甚至十年的规划指标的情况。毋庸置疑，土地规划编制和实施在约束土地非农化方面起到了积极作用，但由于执行不力使规划应有作用大打折扣。特别指出的是，近年来，国土空间规划体系的建立和实施被看成国土空间治理体系和治理能力现代化的重要路径，相应地，国家及其相关部门出台了一系列重要文件（见表 6-1），对国土空间规划提出了要求，并做了部署安排。2018 年，自然资源部整合成立，作为国土空间规划业务的牵头单位，包括土地在内的自然资源的管理越来越成为生态环境治理的重要抓手。

表 6-1　涉及国土空间规划的重要文件

颁布年月	颁布部门	文件名称	主要内容要点
2015 年 9 月	中共中央、国务院	生态文明体制改革总体方案	改革目标：到 2020 年，构建起由国土空间开发保护制度、空间规划体系、生态文明绩效评价考核和责任追究制度等八项制度构成的生态文明制度体系，推进生态文明领域国家治理体系和治理能力现代化 重要定位：空间规划是国家空间发展的指南、可持续发展的空间蓝图，是各类开发建设活动的基本依据 规划编制：整合目前各部门分头编制的各类空间性规划，编制统一的空间规划实现规划全覆盖。空间规划分为国家、省、市县（设区的市空间规划范围为市辖区）三级。研究建立统一规范的空间规划编制机制
2017 年 2 月	国务院	全国国土规划纲要（2016—2030 年）[1]	对国土空间开发、资源环境保护、国土综合整治和保障体系建设等，作出总体部署与统筹安排，对涉及国土空间开发、保护、整治的各类活动具有指导和管控作用，对相关国土空间专项规划具有引领和协调作用，是战略性、综合性、基础性规划
2019 年 5 月	中共中央、国务院	关于建立国土空间规划体系并监督实施的若干意见[2]	重大意义：建立全国统一、责权清晰、科学高效的国土空间规划体系，是加快形成绿色生产方式和生活方式、推进生态文明建设、建设美丽中国的关键举措，是促进国家治理体系和治理能力现代化的必然要求 总体框架：分级分类建立国土空间规划，明确各级国土空间总体规划编制重点，强化对专项规划的指导约束作用，在市县及以下编制详细规划 实施监管：强化规划权威，改进规划审批，健全用途管制制度，监督规划实施，推进"放管服"改革

---

[1] http://www.gov.cn/zhengce/content/2017—02/04/content_5165309.htm.

[2] http://www.gov.cn/zhengce/content/2019—05/23/content_5394187.htm.

颁布 年月	颁布 部门	文件名称	主要内容要点
2019 年 10 月	十九届 中央委 员会第 四次全 体会议	中共中央关于 坚持和完善中 国特色社会主 义制度　推进 国家治理体系 和治理能力现 代化若干重大 问题的决定①	实行最严格的生态环境保护制度。加快建立健全国土空间规划 和用途统筹协调管控制度，统筹划定落实生态保护红线、永久 基本农田、城镇开发边界等空间管控边界以及各类海域保护 线，完善主体功能区制度
2019 年 11 月	中共中 央办公 厅、国务 院办公 厅	关于在国土空 间规划中统筹 划定落实三条 控制线的指导 意见②	重要意义：落实最严格的生态环境保护制度、耕地保护制度和 节约用地制度，将三条控制线作为调整经济结构、规划产业发 展、推进城镇化不可逾越的红线，夯实中华民族永续发展基础 按照集约适度、绿色发展要求划定城镇开发边界。城镇开发边 界划定以城镇开发建设现状为基础，综合考虑资源承载能力、 人口分布、经济布局、城乡统筹、城镇发展阶段和发展潜力， 框定总量，限定容量，防止城镇无序蔓延
2020 年 1 月	自然资 源部办 公厅	省级国土空间 规划编制指南 （试行）③	主要内容：规定省级国土空间规划的定位、编制原则、任务、 内容、程序、管控和指导要求等 编制原则：生态优先、绿色发展；共建共治、共享发展（发挥 市场配置和政府引导作用，推进空间治理体系和治理能力现代 化）等 编制与审批：省级人民政府为规划编制主体，并由其负责组织 规划成果的专家论证，及时征求自然资源部等部门意见。规划 成果论证完善后，经同级人大常委会审议后报国务院审批

注：根据相关部门网站发布的文件整理。

　　某种程度上，土地利用规划是对地方政府土地管理行为的约束，地方政府在土地利用规划执行中并非完全积极主动。在传统的分税制和考核体制下，土地财政成为地方政府推动土地非农化的内在经济驱动，甚至是政治晋升驱动。因此，需要优化财政收入来源，合理增加房产税等，使得地方政府摆脱土地财政依赖。

　　不管是地方政府"被动"执行规划，还是"主动"增加财税，都与目标考核

① http://www.gov.cn/zhengce/2019—11/05/content_5449023.htm.
② http://www.gov.cn/zhengce/2019—11/01/content_5447654.htm.
③ http://gi.mnr.gov.cn/202001/t20200120_2498397.html.

制度密切相关。传统的权力体系下，地方政府"一把手"具有极大的决策权，其晋升偏好和上级偏重经济的考核目标紧密联系。土地非农化有利于地方政府卖更多的地，获取更多财政收入，也可以引入更多的建设项目，带来经济的增长等。地方政府对土地非农化具有强烈的冲动和偏好。因此，需要在考核目标中适当增加环保内容，尤其是在土地利用过程中设置单位建设用地能耗、碳排放强度等约束性指标。这样有利于调整地方政府在土地非农化方面的偏好。

6.1.5　主要环节

土地非农化是土地利用的重要方面，其中"征收农村集体农地而后通过出让等方式农地非农化"的情况占绝大多数，涉及的非农化面积也最大（曲福田等，2001）。因此，本书主要针对这种路径展开论述，涉及的主要环节包括征地、批地、供地与执法等。

在规划既定的情况下，土地征收是土地非农化的重要一步。征收规模和范围往往就限定了土地非农化的大致范围和规模（违法用地除外）。征收过程中涉及一个非常关键的问题，即被征地单位（农户）与地方政府之间的利益分配问题，具体为补偿的标准问题。对于被征地单位（农户）而言，现有土地征收补偿并未包括农地的碳汇等生态功能价值，这使得征收标准成本远小于土地非农化真实的社会成本，往往导致土地过度非农化（曲福田等，2011）。

土地非农化使用更为直接的一步是新增建设用地审批，这是具体建设项目合法占用农用地（包括未利用地）的必要前提。尽管不同级别政府对不同级别项目具有不同的审批权限，但基于省级面板数据的实证结果表明，地方政府的生产性偏好使其审批的权限越大越有利于地方政府按照其偏好行事，往往导致城镇等建设用地快速扩张。值得一提的是，2020年3月国务院颁发了《关于授权和委托用地审批权的决定》，赋予省级人民政府更大的用地自主权。但前提要求是，严格保护耕地、节约集约用地。

随后，通过出让等方式供应给具体的建设用地单位。在土地供应过程，涉及产业用地类型、供地规模、供地价格和供应地方式等，在低碳发展视角下，需要合理确定产业类别和结构，通过灵活的供应价格、供应方式等政策，限制高耗能项目用地，支持集约、高效、低碳的产业项目（瞿理铜，2012）。值得指出的是，不少省区市政府积极探索灵活、高效的供应方式和管理制度。例如，江苏省允许达到约定要求（包括经济、环保方面）的工业用地承租人，可以按程序申请协议出让手续；上海还实施了"工业用地出让全生命周期管理"，明确了包括节能、环保在内的各项约束指标。另外，可借鉴其他国家（如荷兰）的做法，对于节能减排的好的项目可以给予增加容积率的奖励。

以上主要考虑的是合法合规条件下的情况，对于非法的土地非农化，加强监察执法尤为重要。相对独立的监察执法是保证土地规划、考核目标落实的重要手段。为切实加强土地管理工作，完善土地执法监察体系，早在 2006 年，国务院就批准建立了国家土地督察制度，向地方派驻了 9 个国家土地督察局。为了推动反腐败斗争深入发展和完善国家治理体系，2018 年 3 月，经全国人大通过，国家监察委员会成立，随后，自然资源部门（原国土部门）的监察机构也相应建立。这些机构有利于控制地方土地非农化，遏制地方政府土地违法行为。

6.2　调控机制构建

中国碳排放治理是一项涉及不同层级、不同利益主体的公共治理体系，呈现出"高位推动、层级治理、多属性整合"的特点，形成了"外部压力—内部压力—内在动力—治理能力—执行力"的"五力"转化逻辑（齐晔，2013），土地问题治理的逻辑与其类似。因此，以此逻辑阐述低碳视角下土地利用调控机制。

构建合理的土地利用调控机制是调控策略有效实施、保障执行力的必要条件。目标决策过程中需要将低碳发展要求贯穿其中，并切实置于政府的议事日程中。在中国现有行政体系下，各项政策制度的执行主要在基层，切实有效的压力传导才能保证地方政府行为更加符合上级政府的要求。有效激励能够促进相关主体积极参与到低碳、集约土地利用当中。资金、政策等资源的配置是落实激励、引导相关主体行为的重要保障。适度的监督约束与有效激励手段构成了一个组合拳，能够积极促进相关主体按照指定目标开展活动。因此，可从目标决策、压力传导、激励分配、资源调控和监督约束等方面构建调控机制体系。

6.2.1　目标决策

当前，中国实行的是行政发包制，这使得中央政府的节能降碳目标转化为地方各级政府的目标，从而实现委托方和代理方目标的一致。建立目标决策机制，即建立以量化目标设定为主的压力决策机制。目标量化使低碳压力能够得到有效界定，压力决策可以充分发挥中国特色的党主导低碳政策下的"高位推动"优势。2015 年，中共中央、国务院提出生态文明体制改革目标，发布了《生态文明体制改革总体方案》，提出了基于"八项制度"的产权清晰、多元参与、激励约束并重、系统完整的生态文明制度体系。2016 年，中共中央办公厅、国务院办公厅进一步印发了《生态文明建设目标评价考核办法》，明确要求"考核结果作为各省、自治区、直辖市党政领导班子和领导干部综合考核评价、干部奖惩任免的重要依据"。

虽然中央没有就控制土地非农化出台专门的文件，但从土地节约、集约利用目标上，从自然资源部门省级以下垂管体制和督察制度上也可以看出，现行的土地管理目标的行政发包制具有特殊作用（如耕地保护）。2016 年，公布的《生态文明建设考核目标体系》中明确列有"新增建设用地规模""耕地保有量"指标，这实际上是考虑了土地非农化与生态环境的相互关系。为进一步顺应低碳转型需求，需要逐步细化低碳土地利用的量化指标，如单位建设用地面积的能耗、单位面积碳排放强度等。

6.2.2　压力传导

借助责任发包和职责同构，将中央政府面临的初始压力最终转化为基层政府的现实压力，形成以行政发包为主的压力传导机制。同时，政治晋升竞赛减少了下级政府与上级讨价还价的筹码，确保地方有足够的动力来完成中央赋予的量化指标。实践证明，以晋升为主的压力转化机制在短期内推动了内部压力向内在动力的转化，体现为以人事任免权为基础的政治锦标赛维护了中央的权威，地方官员、国企领导之间的相互竞争，缩小了其与中央利益的冲突空间，并迫使其尽可能满足中央设定的低碳目标要求。在指标逐级下达过程中，上级辅以"一票否决"为代表的"压力型"惩罚措施。由此，从上而下、首尾连贯的低碳承包制就演化为"政治承包制"，并变相地形成中间层级政府—基层政府—企业的"连坐制度"。

　　中国早在 2015 年就承诺，"二氧化碳排放 2030 年左右达到峰值并争取尽早达峰"，这对国内显然是一种压力。那么，各地如何来具体落实？国务院等部门出台了相关的文件，如《"十三五"控制温室气体排放工作方案》。该文件要求，"各省（区、市）要将大幅度降低二氧化碳排放强度纳入本地区经济社会发展规划、年度计划和政府工作报告""要加强对省级人民政府控制温室气体排放目标完成情况的评估、考核，建立责任追究制度"。

　　随后，各省区市相继出台了各自的实施方案。例如，新疆维吾尔自治区出台的《"十三五"控制温室气体排放工作实施方案》，要求"将对各地州市政府（行政公署）进行控制温室气体排放目标责任考核，考核结果作为领导班子综合考核评估、干部奖惩任免和任职考察的重要依据"，"各地、州、市单位地区生产总值二氧化碳排放下降指标结合自治区实际，在对各地、州、市单位地区生产总值二氧化碳排放下降考核时按年度下达"，明确了"目标责任考核指标及评分细则"。由此可见，这种压力传导非常明显。文件中，与土地相关的主要体现在"天然林地、草地和湿地保护""优化城市功能和空间布局"等方面，而且自然资源厅仅在"发展低碳农业"方面被安排为责任单位，且排第四，这也说明，地方政府在基于低碳发展视角的土地利用调控措施方面还有待进一步增强。

6.2.3　激励分配

　　地方政府作为监管者获得的激励不足，是中国长期以来节能减排问题未能取得突破性进展的制度性原因（周黎安，2017），地方政府乐于推动土地非农化，其中一个重要激励在于土地非农化带来的直接和间接的收入，以及城市建设"政绩"。对土地收入的依赖往往会加剧土地非农化的进度，导致城镇的快速扩张。因此，需从政治、经济等层面，充分调动地方政府在碳排放治理方面的积极性，方式包括政治晋升、行政权下放，甚至给予地方政府在低碳土地利用试点、政策创新等方面的先行先试权。

6.2.4　资源调控

　　中国国土面积很大，地域之间差异较大，存在多层级政府，因此不同层级和不同地区执行中央目标的能力参差不齐。这需要治理主体借助资源交换实现利用的"求同存异",降低监督成本。中央政府在目标设定、检查验收、激励分配、人事任免权等方面具有控制权。基于此背景,资源交换更多是中央政府借助"委托—代理"的方式,将上述权力适度下放到地方,一旦遭到挑战或危机,中央政府可适时收回,以确保目标和任务的按时完成。

因此,要有序推进低碳发展,需要充分发挥政策资源的调控主导权,在不同层级政府和相关企业间,优化产业规划、财经服务、价格政策等。其中,要充分发挥财税的调控作用,缩短治理能力差距,确保经济薄弱的基层拥有必要的治理能力;属地化管理使得地方政府拥有很大的资源配置裁量权,可利用与企业的关联效应,促进社会低碳动员机制的形成;从"块状"层面,缓解企事业单位多元化目标对碳排放治理的影响,弥补纵向目标传递的不足,强化执行力。

值得指出的是,2020 年国务院就用地审批权下放作出了新的决定,进一步给予了省级政府更大的权力,将促进用地审批效率的大幅提高,但这不是默许城市能随意"摊大饼",城镇建设必须符合一系列的管控要求,包括规划的规模、布局、城镇开发边界,以及土地利用年度计划。这需要中央部委拿出更多精力对地方进行有效监管。

另外,从不同方面促进土地等各类公共资源的优化配置。2014 年,国务院在户籍制度改革推进方面提出了新的相关意见,2020 年,中共中央、国务院颁布了《关于构建更加完善的要素市场化配置体制机制的意见》《关于新时代加快完善社会主义市场经济体制的意见》等文件,提出了具体要求和措施,如建立与户口制度相适应的土地制度、与常住人口相匹配的公共资源配置,这有利于进一步促进人地关系的优化。

6.2.5 监督约束

中央具有事后追究的权力,为了实现碳排放治理绩效的提升,通过随机抽查,可重点从结果方面,确保碳排放治理能力转为基层单位的低碳执行力。因此,要完善以检查和验收为主的执行监督机制,即上级政府通过高压的形式,切实完善监督机制、审核考察、惩罚措施,传递出强硬决心的信号。

特别指出的是,责任追究和审计制度是重要的监督约束手段。为了强化党政领导干部在生态环境、资源保护等方面的应有职责,国家于 2015 年在生态环境损害责任方面，制定了明确的党政领导干部追究办法；于 2017 年下发了试行文件，就领导干部自然资源资产离任审计进行了具体规定，要求客观评价相应责任情况。这有利于推动领导干部切实履行相应责任，提高其对土地节约集约利用的水平。

6.2.6　部门协调

低碳发展是可持续发展的一种新路径，涉及方方面面，需要政府各个职能部门相互协调，共同推进。一般来讲，产业项目审查主要由发展改革委负责，而建设项目供地主要由自然资源管理部门负责，应对气候变化和污染排放监管主要由环保部门负责，资金主要由财政部门负责。特别要提出的是，2015 年国家公布了关于生态文明体制改革的总体方案，强调生态文明体制建设应具有系统完整性。2018 年，国家大部制改革后，成立了生态环境部，把应对气候变化的工作从发展改革委调整进来。这实际上充分考虑了环境污染与碳排放问题解决的协同性。

环境污染和碳排放往往源于资源的不合理和不充分利用。自然资源部的成立，表明中央考虑到自然资源管理在国家治理体系和治理能力现代中的重要作用；组建自然资源部以后，将国有自然资源资产所有权统一到一个行政主体上，为统一代理所有权奠定了更加有利的制度基础，同时还为土地经济价值和非经济价值之间的权衡提供了新的目标；自然资源部需要建立新的国土空间用途管制制度体系，需要履行生态保护修复职责，这两项工作任务都是进一步对地方政府以往的"增量发展"模式的纠正之举（谭荣，2020）。特别是，中央要求由自然资源部牵头编制新时代的国土空间规划，整合原有的各类规划，进一步提升国土空间治理的能力，达到既有利于自然资源的合理高效可持续利用，又有利于生态环境治理的目的。由于部门之间存在各自的利益，因此需要建立一个高于各部门的领导机构来统一协调各部门的职责任务，实现低碳发展的相关目标。要实现土地非农化朝着低碳方向发展，需要自然资源、生态环境、发展改革委等各个部门的协同合作。

6.3　本章小结

实证表明，土地利用变化与地方政府土地管理行为对碳排放具有显著影响。这为优化地方政府土地管理行为，加强土地利用调控，实现低碳发展，提供了基本依据和现实需要。本章从土地利用调控的核心目标、关键路径、基本关系、重要工具和主要环节五个方面初步构建起调控的策略要点，并进一步探讨了调控机制，其机制主要包括目标决策、压力传导、激励分配、资源调控、监督约束和部门协调六个方面。这些调控策略体系为基于低碳视角的土地利用调控工作提供了初步思路框架。

第7章
研究结论与政策建议

本书围绕研究问题和目标，首先基于文献，构建了理论框架，然后分别运用实际数据进行实证分析，并根据实证研究结果和相关文献，初步构建了基于低碳发展视角的土地利用调控策略体系。本章将对以上章节的研究结果进行归纳和总结，提出政策建议和研究展望。

7.1 研究结论

（1）地方政府的审批权限、收入依赖和出让方式选择等往往导致土地城镇化快于人口城镇化，城镇人口密度降低，引致人均能源碳排放的上升。地方政府建设用地审批权力越大，越容易导致城镇人口密度下降，城镇人均能源消费碳排放上升。地方政府若以提高土地收入为主要目的，往往会更多借助招拍挂方式获取更高的土地收入，越可能促使城镇人口密度下降、城镇人均能源消费碳排放上升。地方政府虽然可以通过调控土地市场来影响地区碳排放水平，但很可能存在"市场干预悖论"。地方政府对土地收入依赖越强，越可能促使城镇人口密度下降、城镇人均能源消费碳排放上升。

（2）地方政府通过工业用地供应规模、方式和价格影响引入工业项目的类型和行业的能耗结构，进而影响工业能源碳排放。地方政府工业用地行为对工业碳排放具有显著影响，主要表现为"规模效应""方式效应"和"价格效应"。工业用地供应规模引致工业规模的扩大，带来工业能源碳排放显著增加。协议出让方式显著正向影响能源碳排放，尤其表现在产均工业能源碳排放上，主要原因是协议过程中，更可能降低环境规制和环保支出强度，引入更高比例的高碳工业。工业用地供应价格是地方政府引入工业项目的重要调控工具，通过价格信号的传导机制，很可能以更低的价格出让而引入更高比例的高碳工业，从而显著地导致地区碳排放的增加。

（3）地方政府城镇扩张偏好使得土地城镇化成为陆地生态系统碳储量减少的主要原因。自然因素是影响碳储量的重要原因，土地利用变化是碳储量变化的关键原因，其中经济因素是主要驱动。土地城镇化过程是陆地生态系统碳储量减少的主要驱动因素，陆地生态系统碳储量演变受其土地利用现状及其变化特点的影响较大，相比而言，西北干旱区城市土地利用特征决定了其扩张对于碳储量的影响较小。而地方政府的建设用地审批、土地出让方式选择、土地收入依赖等可能是促使土地利用变化，尤其是土地城镇化的重要原因。

（4）不同的环保措施对碳排放具有差异性影响。在探究地方政府土地管理行为对城镇能源碳排放的影响中，环境管理分权对城镇人均能源消费碳排放具有正向影响，而环境上访具有较为稳健的负向影响；环保考核政策的积极作用并未有效发挥。在探究地方政府工业用地供应行为对工业能源碳排放的影响中，排污收费强度反映的规制强度对工业能源碳排放并没有体现出稳健的碳减排效应，而对比 2015 年前后发现，新时期对环境保护的要求有利于强化环境规制的减排效应。

（5）土地作为经济社会活动和能源消耗的空间载体，是地方政府土地管理行为影响人为源碳排放的重要基础，尤其是对于城镇土地和工业用地而言，可能并不直接产生碳排放，而是作为空间载体影响其所承载的工业企业、城市居民、交通等部门的能源消费碳排放。这为城市工业用地空间开发准入标准提供了依据，有利于促进国土空间规划格局中空间关系的协调。

7.2　政策建议

7.2.1　加强工业用地供应管理，发挥用地供应的积极作用

（1）适度控制工业用地供应总规模、优化供应结构。不同地区工业用地的全要素绿色利用效率存在较大差异（Xie et al.，2019）。因此，基于不同的发展阶段

和地区特点，适当控制工业用地规模，同时通过优化工业用地供应的内部结构，引导工业内部行业的升级和转型。工业内部各行业之间存在着一定相互依赖或共生的关系，理论上应该有一个合理（均衡或自洽）的内部结构，而且不同发展阶段的最优结构关系存在一定差异，因此需要通过工业用地供给侧的结构调整，从劳动力、能源、资本、研发投入等方面优化产业集群模式（Xie et al.，2018）。

（2）积极规避协议出让方式的负面作用。本书考察期内，协议引入的工业企业碳排放总体上偏高。因此，在强化环境规制的前提下，一方面，对协议出让方式进行合理控制，减少协议出让方式带来的不良影响；另一方面，采用更加市场化的供应方式供地，引导土地要素向更高效、低碳的产业方向配置。随着生态文明理念深入人心，尤其是中央环境集权、环境规制的加强和生态环境保护督察制度的完善，"党政同责""一岗双责"和"终身追究"等控制措施的实施（张华等，2017），以及环境质量考核在政绩考核中权重的提升，地方政府的激励结构可能发生变化，其工业用地的协议出让行为也可能发生结构性变化，可通过较低协议价格，倾向于支撑更高科技或更低碳高效的工业产业的发展，引导土地市场向低碳方向发展。

同时，可以借鉴江苏省、上海市等地的试点做法，进一步发挥协议出让这一调控工具。《关于促进低效产业用地再开发的意见》（苏政办发〔2016〕27 号）规定，"土地用途变更为战略性新兴产业、生产性服务业等国家支持发展的新产业、新业态的，经市、县人民政府批准，可采取协议出让方式供地"。《省政府办公厅关于改革工业用地供应方式促进产业转型升级企业提质增效的指导意见》（苏政办发〔2016〕93 号）规定的"先租后让"的供应方式中，工业用地承租人达到合同约定的要求，在租赁期内可申请办理协议出让手续。通过增加低碳相关方面的合同约定，尽可能规避协议出让方式对碳排放增长的影响。

（3）跟进相关配套措施。适当强化低碳方面的考核指标，加快优化地方政府官员的激励结构；采取差异化的环境规制，形成环境规制工具"组合拳"；加快并切实推进低碳试点工作；基于工业用地经济、社会和环境的全面信息调查，构建其大数据平台，为优化工业用地供应决策和研究提供基础信息。可以借鉴上海市的做法：《关于加强本市工业用地出让管理的若干规定》（沪府办〔2016〕23 号）要求，"坚持落实土地利用全要素管理，明确工业用地的单位土地投入、产出、节能、环保、本地就业等经济、社会、环境约束性指标",实行"工业用地出让全生命周期管理"。另外,还需不断完善土地征收、流转制度,建立低碳的土地利用政策(Zhan et al.,2017)。

7.2.2　优化地方政府土地管理行为,促进城镇人地的合理配置

(1)适时调整用地审批权限。一方面,在地方政府"生产性偏好"和"自主性财政收入偏好"未得到根本转变的情况下,适度优化地方政府审批建设用地的权限,进一步完善建设用地预审和土地督察制度;另一方面,顺应国家审批权下放的趋势,逐步调整地方政府的"生产性偏好",促使地方政府"集约用地和保护环境偏好"的有效生成。2020年3月,国务院颁发《关于授权和委托用地审批权的决定》,赋予省级人民政府更大的用地自主权,强调要严格审查涉及占用永久基本农田、生态保护红线、自然保护区的用地,切实保护耕地,节约集约用地,盘活存量土地;同时,要求自然资源部加强指导、服务及监督检查。

(2)合理调控土地出让市场。针对地方政府可能存在的"市场干预悖论",一方面,适度控制协议比重,加快土地市场化进程,减少地方政府对土地市场的不合理干预;另一方面,在土地市场中强化集约用地管理和环境规制,建立节能减排和低碳发展等约束性考核指标,有效引导土地出让市场朝着城镇低碳化方向发展。

(3)逐步弱化土地收入依赖,降低土地收入对土地非农化的"依赖"。一方面,完善土地现有税种,合理设计覆盖城市存量和新增住房的房地产税,促使房地产税替代土地出让金,成为地方财政支柱(刘琼等,2014;李成瑞等,2018);另一方面,适度控制增量建设用地,加大存量建设用地的再开发,完善其增值收益分配与共享。

(4)加快完善人地挂钩机制。改变地方政府以往"要地不要人"的普遍做法,坚持"适度集中、以人定地、人地和谐"的原则,完善与人口城镇化相匹配、与节约集约相协调的土地政策体系,完善城镇建设用地增加规模同吸纳农业转移人口落户数量的挂钩机制,合理确定城镇新增建设用地规模,促进城乡建设相协调、就业转移和人口集聚相统一(国土资源部,2014;国土资源部,2016;国土资源部等,2016)。随着户籍制度改革和城乡土地要素市场建设的深入,进一步完善人

地匹配的优化机制。

7.2.3 加快构建基于低碳发展视角的土地利用调控策略体系

顺应高质量发展的迫切需要，切实把低碳发展的理念融入传统的土地利用调控体系当中，加快构建相应的调控策略体系。首先，从核心目标、关键路径、基本关系、重要工具和主要环节五个方面把握调控策略要点；其次，从目标决策、压力传导、激励分配、资源调控和监督约束等方面构建调控机制体系，以更好落实调控策略。

7.3 研究展望

（1）不同层级主体之间的关系对碳排放的影响。不同层级地方政府在土地、财政等资源配置方面的行政权限差异显著，而且在"科层体制"下，中央政府与地方政府既存在"委托—代理"关系，又存在较为明显的"博弈"关系。特别是在考虑不同分权情形下省级、地市级和县级等多维尺度的交互影响有待深入探究。另外，随着市场化和社会参与程度的提升，政府与企业、居民行为之间相互作用的影响趋于增大。

（2）地方政府土地管理行为中不同方面的关系对碳排放的影响。地方政府土地管理行为属于一个系统，不仅包括建设用地审批、供应，还包括城市周边永久基本农田划定、城乡建设用地增减挂钩、土地整治等，这些行为有利于抑制土地过度非农化，对城镇能源碳排放可能有完全不同的影响过程。因此，有待于进一步将地方政府土地管理行为放到一个系统当中进行深入探讨，而且还要考虑区域间的相互影响。

（3）对于不同用地类型配置碳排放效应，地方政府的影响存在差异。用地时空配置，不仅涉及工业等产业用地，还涉及公共用地，而公共用地的时空配置，一方面直接影响碳排放，另一方面往往通过影响交通可达性、人口流动、要素布局等方面间接作用碳排放。对于不同类型用地而言，地方政府的影响也存在差异，因此，产业用地和公共用地的配置及其相互作用对碳排放的影响有待进一步探究。

（4）碳排放数据的准确估算。由于数据的一致性较差、土地利用变化速度及其路径的多样性、生态系统碳储量响应周期的长期性、经济技术的动态变化、地区差异等原因，碳排放估算存在较大的不确定性，不仅存在于能源和生产过程碳排放核算方面（Liu et al., 2015），更体现在土地利用变化碳排放估算中（Houghton, 2003；Ito et al., 2008；Houghton et al., 2012；IPCC, 2014）。因此，需要综合考虑，不断完善估算方法。

（5）陆地生态系统碳排放与人为源碳排放的动态关系。城市化过程，既是土地利用变化的过程，更是建筑物、家具、藏书、人畜等"碳类物质"向城市集聚的过程（朱超等，2012；赵荣钦等，2013）。在城市化进程中，这类人为源的碳储量变化过程与陆地生态系统碳储量变化过程存在较大差异，甚至可能呈现相反的变化方向，其内在关系和显著差异有待探析。另外，与能源碳排放相比，尽管陆地生态系统碳储量变化引致的碳排放相对较小，但是两者往往有着相同的驱动因素，表现为一定的"同源"性，故可能具有较强的"协同减排效应"。

参考文献

[1] Casler S D，Rose A. Carbon dioxide emissions in the US economy：A structural decomposition analysis[J]. Environmental and Resource Economics，1998，11（3-4）：349-363.

[2] Chen W，Sheng Y，Wang Y N，et al. How do industrial land price variations affect industrial diffusion？Evidence from a spatial analysis of China[J]. Land Use Policy，2018（71）：384-394.

[3] Chen Y，Chen Z G，Xu G L，et al. Built-up land efficiency in urban China：Insights from the General Land Use Plan（2006-2020）[J]. Habitat International，2016，51：31-38.

[4] Chen Z G，Tang J，Wan J Y，et al. Promotion incentives for local officials and the expansion of urban construction land in China：Using the Yangtze River Delta as a case study[J]. Land Use Policy，2017（63）：214-225.

[5] Chen Z G，Wang Q，Huang X J. Can land market development suppress illegal land use in China？[J]. Habitat International，2015，49：403-412.

[6] Chuai X W，Huang X J，Qi X X，et al. A preliminary study of the carbon emissions reduction effects of land use control[J]. Scientific Reports，2016：1-8.

[7] Ciais P，Tagliabue A，Cuntz M，et al. Large inert carbon pool in the terrestrial biosphere during the Last Glacial Maximum[J]. Nature Geoscience，2012，5（1）：74-79.

[8] Devra Lee Davis. Working group on public health and fossil-fuel combustion. Short-term improvements in public health from global-climate policies on fossil-fuel combustion：an interim report[J]. The Lancet，1997，350（9088）：1341-1349.

[9] Dulal H B，Akbar S. Greenhouse gas emission reduction options for cities：Finding the "Coincidence of Agendas" between local priorities and climate change mitigation objectives[J]. Habitat International，2013，38（4）：100-105.

[10]　Fan Y，Liang Q M，Wei Y M，et al. A model for China's energy requirements and CO_2 emissions analysis[J]. Environmental Modelling and Software，2007，22（3）：378-393.

[11]　Ghaffar A，Vilas N. Exercising multidisciplinary approach to assess interrelationship between Energy use，carbon emission and land use change in a metropolitan city of Pakistan[J]. Renewable and Sustainable Energy Reviews，2012，16（1）：775-786.

[12]　Houghton R A，Hackler J L. Emissions of carbon from forestry and land-use change in tropical Asia[J]. Global Change Biology，1999，5（4）：481-492.

[13]　Houghton R A，Hackler J L. Sources and sinks of carbon from land-use change in China[J]. Global Biogeochemical Cycles，2003，17（2）：1034.

[14]　Houghton R A，Hackler J L，Lawrence K T. The US carbon budget：Contributions from land-use change[J]. Science，1999，285（5427）：574-578.

[15]　Houghton R A，Hobbie J E，Melillo J M，et al. Changes in the carbon content of terrestrial biota and soils between 1860 and 1980：A net release of CO_2 to the atmosphere[J]. Ecological Monographs，1983，53（3）：235-262.

[16]　Houghton R A，House J I，Pongratz J，et al. Carbon emissions from land use and land-cover change[J]. Biogeosciences，2012，9（12）：5125-5142.

[17]　Houghton R A，Lefkowitz D S，Skole D L. Changes in the landscape of Latin America between 1850-1980（Ⅱ）：Net in-crease of CO_2 to the atmosphere[J].Forest Ecology and Management，1991，38：173-199.

[18]　Houghton R A. Why are estimates of the terrestrial carbon balance so different？[J]. Global Change Biology，2003，9（4）：500-509.

[19]　Huang Y，Xia B，Y L. Relationship Study on Land Use Spatial Distribution Structure and Energy-Related Carbon Emission Intensity in Different Land Use Types of Guangdong，China，1996-2008[J]. The Scientific World Journal，2013：1-15.

[20]　Huang Z H，Du X J. Toward Green Development？ Impact of the Carbon Emissions Trading System on Local Governments' Land Supply in Energy-intensive Industries in China[J]. The Science of the Total Environment，2020，738：139769.

[21]　IPCC. Climate change 1995：The science of climate change：contribution of working group i to the second assessment report of the intergovernmental panel on climate change[R]. UK：

Cambridge University Press，1996.

[22] IPCC. Climate change 2014: Mitigation of climate change. Contribution of working group iii to the fifth assessment report of the intergovernmental panel on climate change[R]. Cambridge: Cambridge University Press，United Kingdom and New York，USA，2014.

[23] IPCC. IPCC guidelines for national greenhouse gas inventories[R]. Kanagawa: IGES，2006.

[24] Ito A，Penner J E，Prather M J，et al. Can we reconcile differences in estimates of carbon fluxes from land-use change and forestry for the 1990s？[J]. 2008，8（12）: 3291-3310.

[25] Janssens I. A.，Freibauer A.，Ciais P.，et al. Europe's terrestrial bio-sphere absorbs 7 to 12% of European anthropgenic CO_2 emission[J]. Science，2003，300: 1538-1542.

[26] Lai L，Huang X J，Yang H，et al. Carbon emissions from land-use change and management in China between 1990 and 2010[J]. Science Advances，2016，2（11）: 1-8.

[27] Lal R. Potential of desertification control to sequester carbon and mitigate thegreenhouse effect[J]. Climatic Change，2001，51（1）: 35-72.

[28] Lal R. Sequestering carbon in soils of arid ecosystems[J]. Land degradation and development，2009，20（4）: 441-454.

[29] Lin J Y，Liu Z. Fiscal decentralization and growth in China[J]. American Economic Review，1999，88（5）: 1143-1162.

[30] Liu J Y，Tian H Q，Liu M L，et al. China's changing landscape during the 1990s: large-scale land transformation estimated with satellite data[J]. Geophysical Research Letters，2005，32（2）.

[31] Liu Z，Guan D B，Wei W.，et al. Reduced carbon emission estimates from fossil fuel combustion and cement production in China[J]. Nature，2015，24: 335-346.

[32] Meng Y，Zhang F R，AN P L，et al. Industrial land-use efficiency and planning in Shunyi，Beijing[J]. Landscape and Urban Planning，2008（85）: 40-48.

[33] Mi Z F，ZhangY K，Guan D B，et al.，Consumption-based emission accounting for Chinese cities[J]. Applied Energy，2016，184: 1073-1081.

[34] Ni J. Carbon storage in terrestrial ecosystems of China: Estimates at different spatial resolutions and their responses to climate change[J]. Climatic Change，2001，49（3）: 339-358.

[35] Pacala S W，Hurtt G C，Baker D，et al. Consistent land- and at-mosphere-based US carbon sink estimates[J]. Science，2001，292: 2316-2320.

[36] Piao S L，Fang J Y，Ciais P，et al. The carbon balance of terrestrial ecosystems in China[J]. Nature，2009，458（7241）：977-979.

[37] Shan Y L, Guang D B, Zhang H R, et al. China CO$_2$ emission accounts 1997-2015[J]. Scientific Data，2017，201：1-14.

[38] Thurner M，Beer C，Ciais P，et al. Evaluation of climate-related carbon turnover processes in global vegetation models for boreal and temperate forests[J]. Global Change Biology，2017，23（8）：3076-3091.

[39] United Nations department of economic and social affairs population division. World urbanization Prospects：The 2011 Revision[R]. New York：United Nations，2012.

[40] Wei C，An W W，Jun C F，et al. Analysis of Local Government Behaviors and Technology Decomposition of Carbon Emission Reduction Under Hard Environmental Protection Constraints[J]. International Journal of Performability Engineering，2020，16（2）：195-202.

[41] Wang L. Forging growth by governing the market in reform-era urban China[J]. Cities，2014，41：187-193.

[42] Wang Q Y. Fixed-effect panel threshold model using Stata[J]. The Stata Journal，2015，11（15）：121-134.

[43] Wu Q，Li Y L，Yan S Q. The incentives of China's urban land finance[J]. Land Use Policy，2015，42：432-442.

[44] Xie H L，Chen Q R，Lu F C，et al. Spatial-temporal disparities and influencing factors of total-factor green use efficiency of industrial land in China[J]. Journal of cleaner production，2019，207：1047-1058.

[45] Xie H L，Zhai Q L，Wang W，et al. Does intensive land use promote a reduction in carbon emissions evidence from the Chinese industrial sector[J]. Resources，conservation & recycling，2018，137：167-176.

[46] Yan L，Yu G W，Houghton R. A.，et al. Hidden carbon sink beneath desert[J]. Geophysical Research Letters，2015，42（14）：5880-5887.

[47] Zhang K，Zhang Z Y，Liang Q M. An empirical analysis of the green paradox in China：From the perspective of fiscal decentralization[J]. Energy Policy，2017（103）：203-211.

[48] Zhang W J，Xu H Z. Effects of land urbanization and land finance on carbon emissions: a panel

data analysis for Chinese provinces[J]. Land Use Policy，2017，63：493-500.

[49]　毕宝德. 探索：土地城镇化[J]. 中国报道，2008（8）：109.

[50]　蔡博峰，刘春兰，陈操操，等. 城市温室气体清单研究[M]. 北京：化学工业出版社，2009.

[51]　蔡博峰，刘晓曼，陆军，等. 2005年中国城市CO_2排放数据集[J]. 中国人口·资源与环境，2018，28（4）：1-7.

[52]　蔡博峰，王金南，杨姝影，等. 中国城市CO_2排放数据集研究——基于中国高空间分辨率网格数据[J]. 中国人口·资源与环境，2017，27（2）：1-4.

[53]　蔡博峰. 中国城市二氧化碳排放空间特征及与二氧化硫协同治理分析[J]. 中国能源，2012，34（7）：19，33-37.

[54]　蔡博峰. 低碳城市规划[M]. 北京：化学工业出版社，2011.

[55]　蔡博峰，朱松丽，于胜民，等.《IPCC 2006年国家温室气体清单指南2019修订版》解读[J]. 环境工程，2019，37（8）：1-11.

[56]　常晨，陆铭. 新城之殇——密度、距离与债务[J]. 经济学（季刊），2017，16（4）：1621-1642.

[57]　蔡昉，都阳，王美艳. 户籍制度与劳动力市场保护[J]. 经济研究，2001（12）：41-49，91.

[58]　蔡昉，都阳，王美艳. 经济发展方式转变与节能减排内在动力[J]. 经济研究，2008（6）：4-11，36.

[59]　蔡昉，王德文. 作为市场化的人口流动——第五次全国人口普查数据分析[J]. 中国人口科学，2003（5）：15-23.

[60]　曹华. 黄土高原土壤有机碳与无机碳耦合关系的初步探讨[D]. 武汉：华中农业大学，2012.

[61]　查建平，唐方方，郑浩生. 什么因素多大程度上影响到工业碳排放绩效——来自中国（2003—2010）省级工业面板数据的证据[J]. 经济理论与经济管理，2013（1）：79-95.

[62]　陈广生，田汉勤. 土地利用/覆盖变化对陆地生态系统碳循环的影响[J]. 植物生态学报，2007，31（2）：189-204.

[63]　陈会广. 经济发展中土地非农化的制度响应与政府征用绩效研究[D]. 南京：南京农业大学，2004.

[64]　陈国权，皇甫鑫，等. 功能性分权：中国的探索[M]. 北京：中国社会科学出版社，2021.

[65]　陈宏宇. 中国地方政府土地管理行为失范及对策分析[D]. 西安：西北大学，2008.

[66]　陈健鹏，高世楫，李佐军. 取消和下放行政审批的项目必须加强环境监管[N]. 中国经济时报，2013-09-27（5）.

[67] 陈前利，蔡博峰，胡方芳，等. 新疆地级市 CO_2 排放空间特征研究[J]. 中国人口•资源与环境，2017，27（2）：15-21.

[68] 陈前利，石晓平，马贤磊，等，地方政府工业用地供应行为影响碳排放？——基于中国省级面板数据的实证[C]. 中国人民大学：中国人民大学城市与房地产高端论坛&林增杰土地科学发展基金第一届优秀学术论文奖评选活动，2018.

[69] 陈诗一. 能源消耗、二氧化碳排放与中国工业的可持续发展[J]. 经济研究，2009（4）：41-55.

[70] 陈硕，高琳. 央地关系：财政分权度量及作用机制再评估[J]. 管理世界，2012（6）：43-59.

[71] 陈曦，罗格平，等. 亚洲中部干旱区生态系统碳循环[M]. 北京：中国环境科学出版社，2013.

[72] 陈曦. 中国干旱区土地利用与土地覆盖变化[M]. 北京：科学出版社，2008.

[73] 陈向新，王则柯. 计划经济、行政性分权和市场经济[J]. 科技导报，1993（8）：8-10.

[74] 陈晓玲，曾永年，王慧敏. 区域土地利用总体规划碳效应分析——以青海省海东市为例[J]. 中国人口•资源与环境，2015，25（S1）：31-34.

[75] 陈宇琼，钟太洋. 土地审批制度改革对建设占用耕地的影响——基于 1995—2013 年省级面板数据的实证研究[J]. 资源科学，2016，38（9）：1692-1701.

[76] 陈治国，李成友，刘志有. 中国城市土地供给政策对住房价格和城市发展影响研究[J]. 现代财经（天津财经大学学报），2015，35（9）：24-33.

[77] 陈振拓，李志强，丁文秀，等. 面向防震减灾的人口数据空间化研究——以 2007 年宁洱地震灾区为例[J]. 震灾防御技术，2012，7（3）：273-284.

[78] 成鹏. 乌鲁木齐地区近 50a 降水特征分析[J]. 干旱区地理，2010，33（4）：580-587.

[79] 程豪. 碳排放怎么算——《2006 年 IPCC 国家温室气体清单指南》[J]. 中国统计，2014（11）：28-30.

[80] 程开明. 城市紧凑度影响能源消耗的理论机制及实证分析[J]. 经济地理，2011，31（7）：1107-1112.

[81] 揣小伟. 沿海地区土地利用变化的碳效应及土地调控研究——以江苏沿海为例[D]. 南京：南京大学，2013.

[82] 揣小伟，黄贤金. 基于 GIS 的土壤有机碳储量核算及其对土地利用变化的响应[J]. 农业工程学报，2011（9）：1-6.

[83] 邓玉萍，许和连. 外商直接投资、地方政府竞争与环境污染——基于财政分权视角的经验

研究[J]. 中国人口•资源与环境，2013，23（7）：155-163.

[84] 地球系统科学数据共享网. 中国 1：100 万植被数据（2000），2006.

[85] 地球系统科学数据共享网,中国科学院南京土壤研究所. 全国 1：400 万土壤类型分布图,2007.

[86] 丁菊红，邓可斌. 内生的分权与中国经济体制改革[J]. 经济社会体制比较，2009（3）：52-57.

[87] 董礼洁. 地方政府土地管理权[D]. 上海：上海交通大学，2008.

[88] 范进. 城市密度对城市能源消耗影响的实证研究[J]. 中国经济问题，2011（6）：16-22.

[89] 范剑勇，莫家伟，张吉鹏. 居住模式与中国城镇化——基于土地供给视角的经验研究[J].
中国社会科学，2015（4）：44-63，205.

[90] 丰雷，蒋妍. 土地政策参与宏观调控的途径和方式［N］. 光明日报，2006-06-24.

[91] 丰雷，孔维东. 2003 年以来中国土地政策参与宏观调控的实践——特点、效果以及存在问
题的经验总结[J]. 中国土地科学，2009，23（10）：8-13.

[92] 付金存，李豫新. 人口与土地城市化协同演进对城市经济发展的影响——机理解析与新疆
例证[J]. 新疆大学学报（哲学•人文社会科学版），2015，43（4）：1-6.

[93] 傅勇，张晏. 中国式分权与财政支出结构偏向：为增长而竞争的代价[J]. 管理世界，2007
（3）：4-12，22.

[94] 高珊，黄贤金，赵荣钦. 江苏低碳发展模式及政策研究[M]. 南京：南京大学出版社，2013.

[95] 高延利，李宪文，唐健. 土地政策蓝皮书：中国土地政策研究报告（2016）[M]. 北京：
社会科学文献出版社，2015.

[96] 葛全胜，戴君虎，何凡能，等. 过去 300 年中国土地利用、土地覆被变化与碳循环研究[J].
中国科学（D 辑：地球科学），2008，38（2）：197-210.

[97] 葛全胜，戴君虎，何凡能，等. 过去三百年中国土地利用变化与陆地碳收支[M]. 北京：
科学出版社，2008.

[98] 耿丽敏，付加锋，宋玉祥. 消费型碳排放及其核算体系研究[J]. 东北师大学报（自然科学
版），2012（2）：143-149.

[99] 工业和信息化部. 工业和信息化部关于印发《工业绿色发展规划（2016—2020 年）》的通知
[EB/OL]. （2016-07-18）. http://www. miit. gov.cn/n1146285/n1146352/n3054355/n3057542/
n3057544/c5142900/ content. html.

[100] 关靖云，瓦哈甫•哈力克. 新疆人口分布与经济发展不一致性时空演变分析[J]. 地域研究
与开发，2016，35（1）：76-81.

[101] 郭海燕，张杏梅，马俊静，等. 新疆人口与经济的空间分布关系研究[J]. 城市地理，2015，22：52-54.

[102] 高鹤. 财政分权、经济结构与地方政府行为：一个中国经济转型的理论框架[J]. 世界经济，2006（10）：59-68.

[103] 郭志勇，顾乃华. 制度变迁、土地财政与外延式城市扩张——一个解释我国城市化和产业结构虚高现象的新视角[J]. 社会科学研究，2013（1）：8-14.

[104] 国家气候变化对策协调小组办公室，国家发展和改革委员会能源研究所，中国温室气体清单研究[M]. 北京：中国环境科学出版社，2007.

[105] 国土资源部. 关于建立城镇建设用地增加规模同吸纳农业转移人口落户数量挂钩机制的实施意见（国土资发〔2016〕123 号）[EB/OL].（2016-09-29）. http：//g. mlr. gov. cn/201701/t20170123_1430274. html.

[106] 国土资源部. 国土资源"十三五"规划纲要（国土资发〔2016〕38 号）[EB/OL].（2016-04-12）. http：//www. mlr. gov. cn/zwgk/zytz/201604/t20160414_1402256. htm.

[107] 国土资源部. 节约集约利用土地规定（国土资源部〔2014〕61 号令）[EB/OL].（2016-05-22）. http：//www. mlr. gov. cn/zwgk/flfg/201406/t20140609_1319864. htm.

[108] 国务院. 国家新型城镇化规划（2014－2020 年）[EB/OL].（2014-03-16）. http：//www. gov. cn/gongbao/content/2014/content_2644805. htm.

[109] 国务院. 国务院关于印发"十三五"控制温室气体排放工作方案的通知[EB/OL].（2016-11-04）. http：//www. gov. cn/zhengce/content/2016-11/04/content_5128619. htm.

[110] 韩桂兰. 新疆人口素质及其变化对区域经济发展的影响研究[J]. 生态经济，2008（5）：65-67.

[111] 韩骥，周翔，象伟宁. 土地利用碳排放效应及其低碳管理研究进展[J]. 生态学报，2016，36（4）：1152-1161.

[112] 韩楠. 基于供给侧结构性改革的碳排放减排路径及模拟调控[J]. 中国人口•资源与环境，2018，28（8）：47-55.

[113] 侯亚杰. 户口迁移与户籍人口城镇化[J]. 人口研究，2017，41（4）：82-96.

[114] 胡昌梅，曹昶辉. 欧盟环境保护政策及其对中国的影响——欧中在碳排放问题上的互动[J]. 法制与社会，2011（1）：157-158.

[115] 韩贞辉，李志强，陈振拓，等. 人口、房屋数据空间化及其在震灾快速评估中的应用——

以彝良地震为例[J]. 地震地质，2013，35（4）：894-906.

[116] 贺俊，刘亮亮，张玉娟. 税收竞争、收入分权与中国环境污染[J]. 中国人口•资源与环境，2016，26（4）：1-7.

[117] 洪丹丹. 财政分权、土地收入与地方政府行为——基于地级面板数据的实证分析[J]. 经济问题，2013（5）：32-35.

[118] 黄宝连，张杰. 基于土地利用的新疆绿洲经济结构与人口协调性研究——以石河子绿洲为例[J]. 干旱区资源与环境，2012，26（5）：175-180.

[119] 黄国平. 财政分权、城市化与地方财政支出结构失衡的实证分析——以东中西部六省为例[J]. 宏观经济研究，2013（7）：70-77.

[120] 韩元佳. 张曙光评新型城市化：户籍政策和土地问题最关键[EB/OL]. （2013-04-10）. http://finance.ifeng.com/news/macro/20130410/7885247.shtml.

[121] 姜海. 转型时期农地非农化机制研究[D]. 南京：南京农业大学，2006.

[122] 蒋冬梅，李效顺，曲福田，等. 中国耕地非农化趋势及其对碳收支影响的模拟[J]. 农业工程学报，2015，31（17）：1-9.

[123] 金晶. 中国农地非农化的公共政策研究[D]. 南京：南京农业大学，2008.

[124] 蒋尉. 欧盟环境政策的有效性分析：目标演进与制度因素[J]. 欧洲研究，2011（5）：6-7，73-87.

[125] 靳相木. 地根经济：一个研究范式及其对土地宏观调控的初步应用[M]. 杭州：浙江大学出版社，2007.

[126] 赖力. 中国土地利用的碳排放效应研究[D]. 南京：南京大学，2010.

[127] 冷中笑，格丽玛，海米提•依米提，等. 全球变暖背景下的乌鲁木齐市气温及降水气候特征分析[J]. 干旱区资源与环境，2007，21（4）：60-64.

[128] 李斌，李拓. 环境规制、土地财政与环境污染——基于中国式分权的博弈分析与实证检验[J]. 财经论丛，2015（1）：99-106.

[129] 李成瑞，姜海，石晓平. 房地产税改革与土地财政困局破解——基于对地方财政影响的情景分析[J]. 南京审计大学学报，2017（6）：44-55，74.

[130] 李丹. 城市扩张中地方政府征地行为的角色定位研究[J]. 中山大学研究生学刊（社会科学版），2013，34（1）：76-87.

[131] 李金军. 新疆人口结构变化对区域经济发展的影响研究[D]. 石河子：石河子大学，2016.

[132] 李克让，王绍强，曹明奎. 中国植被和土壤碳贮量[J]. 中国科学（D 辑：地球科学），2003，33（1）：72-80.

[133] 李龙浩. 土地问题的制度分析：以政府行为为研究视角[M]. 北京：中国地质出版社，2007.

[134] 李美姣. 地方政府土地出让行为、工业用地价格与产业升级[J]. 现代盐化工，2018，45（3）：91-92，101.

[135] 李瑞雪，张明军，金爽，等. 乌鲁木齐市近 47 年气温降水特征与突变分析[J]. 干旱区资源与环境，2009，23（10）：111-115.

[136] 李尚蒲，罗必良. 我国土地财政规模估算[J]. 中央财经大学学报，2010（5）：12-17.

[137] 李涛，刘思玥. 分权体制下辖区竞争、策略性财政政策对雾霾污染治理的影响[J]. 中国人口•资源与环境，2018，28（6）：120-129.

[138] 李涛，王晓青. 财政分权、收益分配与土地市场化进程[J]. 江海学刊，2012（6）：73-78，238.

[139] 李涛. 财政分权背景下的土地财政：制度变迁、收益分配和绩效评价[J]. 经济学动态，2012（10）：27-33.

[140] 李鑫，张琰. 气候变化下中国生态适应性设计在国土空间规划中的策略及本土化：定义、理念框架与解读[J]. 中国园林，2020，36（4）：73-77.

[141] 李秀彬. 农地利用变化假说与相关的环境效应命题[J]. 地球科学进展，2008，23（11）：1124-1129.

[142] 李学文，卢新海. 经济增长背景下的土地财政与土地出让行为分析[J]. 中国土地科学，2012，26（8）：42-47.

[143] 李艳梅，付加锋. 中国出口贸易中隐含碳排放增长的结构分解分析[J]. 中国人口. 资源与环境，2010，20（8）：53-57.

[144] 李勇辉，英成金，罗蓉. 保障性住房有效推动了人口城镇化吗——基于土地财政的视角[J]. 广东财经大学学报，2017（5）：46-57.

[145] 李豫新，王笳旭. 新经济地理学视角下人口与产业空间匹配性研究——以新疆地区为例[J]. 西北人口，2014，35（1）：56-61，68.

[146] 梁若冰. 财政分权下的晋升激励、部门利益与土地违法[J]. 经济学（季刊），2010，9（1）：283-306.

[147] 廖顺宝，孙九林. 基于 GIS 的青藏高原人口统计数据空间化[J]. 地理学报，2003，58（1）：25-33.

[148] 林毅夫, 刘志强. 中国的财政分权与经济增长[J]. 北京大学学报(哲学社会科学版), 2000, 37 (4): 5-17.

[149] 林兆木. 关于我国经济高质量发展的几点认识[N/OL]. 人民日报. 2018-1-17.

[150] 林致远. 财政治理与高质量发展[EB/OL]. (2018-06-05). http://www.cssn.cn/jjx/xk/jjx_yyjjx/jjx_czx/ 201805/t20180524_4300206. shtml.

[151] 刘海英, 李勉. 财政分权下的环境污染效应研究[J]. 贵州省党校学报, 2017 (5): 23-31.

[152] 刘红光. 产业能源消费碳排放的区域联系研究[D]. 北京: 中国科学院地理科学与资源研究所, 2010.

[153] 刘红光, 刘卫东, 唐志鹏. 中国产业能源消费碳排放结构及其减排敏感性分析[J]. 地理科学进展, 2010 (6): 670-676.

[154] 刘红辉, 江东, 杨小唤, 等. 基于遥感的全国 GDP 1km 格网的空间化表达[J]. 地球信息科学, 2005, 7 (2): 120-123.

[155] 刘纪远, 王绍强, 陈镜明, 等.1990—2000 年中国土壤碳氮蓄积量与土地利用变化[J]. 地理学报, 2004, 59 (4): 483-496.

[156] 刘亮, 蒋伏心. 环境分权是否促进地方政府科技投入? [J]. 科技管理研究, 2017 (16): 61-67.

[157] 刘琼, 欧名豪, 盛业旭, 等. 不同类型土地财政收入与城市扩张关系分析——基于省际面板数据的协整分析[J]. 中国人口•资源与环境, 2014, 24 (12): 32-37.

[158] 刘盛梅, 成鹏. 乌鲁木齐地区近 50 年来平均气温及极端气温变化特征[J]. 干旱区资源与环境, 2011, 25 (6): 138-146.

[159] 刘守英, 蒋省三. 土地融资与财政和金融风险——来自东部一个发达地区的个案[J]. 中国土地科学, 2005, 19 (5): 3-9.

[160] 刘守英, 周飞舟, 邵挺. 土地制度改革与转变发展方式[M]. 北京: 中国发展出版社, 2012.

[161] 刘晓玲, 熊曦. 工业企业效益与碳排放的脱钩关系动态比较——基于 ABS 冶炼公司 "十一五" 以来的数据[J]. 财政研究, 2015 (3): 16-21.

[162] 刘晓曼, 胡非. 不同雾霾条件下北京城区二氧化碳的浓度通量特征研究[C]. 第 34 届中国气象学会年会 S10 大气物理学与大气环境论文集, 北京: 中国气象学会, 2017.

[163] 刘小平, 黎夏, 艾彬, 等. 基于多智能体的土地利用模拟与规划模型[J]. 地理学报, 2006 (10): 1101-1112.

[164] 龙花楼，李秀彬. 区域土地利用转型分析——以长江沿线样带为例[J]. 自然资源学报，2002，17（2）：144-149.

[165] 卢建新，于路路，陈少衔. 工业用地出让、引资质量底线竞争与环境污染——基于252个地级市面板数据的经验分析[J]. 中国人口·资源与环境，2017，27（3）：90-98.

[166] 卢娜. 土地利用变化碳排放效应研究[D]. 南京：南京农业大学，2011.

[167] 卢现祥，王宇，陈金星. 低碳转型中的政企合谋行为及其破解机制[J]. 攀登，2012，31（2）：130-134.

[168] 卢现祥，张翼. "政府—社会"分权与我国二氧化碳减排治理——基于省级面板数据的经验分析[J]. 财经科学，2011（6）：92-100.

[169] 陆铭. 土地能否跟随人口流动？[J]. 上海国资，2016（7）：17.

[170] 陆铭. 陆铭：中国经济的未来是空间重构[N/OL]. 世纪大讲堂，2017-12-06.

[171] 陆远权，张德钢. 环境分权、市场分割与碳排放[J]. 中国人口·资源与环境，2016，26（6）：107-115.

[172] 雷雨亮，杨文涛. 城镇住宅用地供应与人口变化的时空协调性研究——以湖南省14个市州为例[J]. 财经理论与实践，2020，41（1）：147-154.

[173] 马海涛，李伯涛，龙军. 环境保护的分权理论及其实践[J]. 地方财政研究，2009（9）：27-31，40.

[174] 马巨革，汤明玉. 构建低碳经济下节约集约用地模式的思路及方法——以山西为例[A]. 中国土地学会. 2010年中国土地学会学术年会论文集[C]. 北京：中国土地学会，2010：5.

[175] 马万里. 中国式财政分权：一个扩展的分析框架[J]. 当代财经，2015（3）：24-33.

[176] 马文红，韩梅，林鑫，等. 内蒙古温带草地植被的碳储量[J]. 干旱区资源与环境，2006，20（3）：192-195.

[177] 毛显强，邢有凯，胡涛，等. 中国电力行业硫、氮、碳协同减排的环境经济路径分析[J]. 中国环境科学，2012，32（4）：748-756.

[178] 聂雷，郭忠兴，钟国辉，等. 转型期中国土地出让收入和价格的演变规律——基于财政分权与经济目标的视角[J]. 财经理论与实践，2015，36（6）：78-84.

[179] 彭小静，邓明. 经济增长与环境保护双重任务中地方政府的行为扭曲——基于多任务、两层次的动态委托代理模型的研究[J]. 制度经济学研究，2014（1）：125-140.

[180] 彭星. 环境分权有利于中国工业绿色转型吗？产业结构升级视角下的动态空间效应检验

[J]. 产业经济研究，2016（2）：21-31，110.

[181] 朴世龙，方精云，贺金生，等. 中国草地植被生物量及其空间分布格局[J]. 植物生态学报，2004，28（4）：491-498.

[182] 朴世龙，方精云，黄耀. 中国陆地生态系统碳收支[J]. 中国基础科学，2010（2）：20-22，65.

[183] 齐晔. 中国低碳发展报告（2013）：政策执行与制度创新[M]. 北京：北京社会科学文献出版社，2013..

[184] 祁毓，卢洪友，徐彦坤. 中国环境分权体制改革研究：制度变迁、数量测算与效应评估[J]. 中国工业经济，2014（1）：31-43.

[185] 戚伟，刘盛和，金浩然. 中国户籍人口城镇化率的核算方法与分布格局[J]. 地理研究，2017，36（4）：616-632.

[186] 钱忠好，牟燕. 中国农地非农化市场化改革为何举步维艰——基于地方政府土地财政依赖视角的分析[J]. 农业技术经济，2017（1）：18-27.

[187] 屈宇宏. 城市土地利用碳通量测算、碳效应分析及调控机制研究[D]. 武汉：华中农业大学，2015.

[188] 瞿理铜. 低碳经济视角下土地利用调控的思路探讨[J]. 中国国土资源经济，2012（11）：29-30，47，55.

[189] 曲福田，冯淑怡，俞红. 土地价格及分配关系与农地非农化经济机制研究——以经济发达地区为例[J]. 中国农村经济，2001（12）：54-60.

[190] 曲福田，谭荣. 中国土地非农化的可持续治理[M]. 北京：科学出版社，2010.

[191] 曲福田，卢娜，冯淑怡. 土地利用变化对碳排放的影响[J]. 中国人口•资源与环境，2011，21（10）：76-84.

[192] 全泉，田光进，沙默泉. 基于多智能体与元胞自动机的上海城市扩展动态模拟[J]. 生态学报，2011，31（10）：2875-2887.

[193] 戚伟，刘盛和，金浩然. 中国户籍人口城镇化率的核算方法与分布格局[J]. 地理研究，2017，36（4）：616-632.

[194] 盛巧燕，周勤. 环境分权、政府层级与治理绩效[J]. 南京社会科学，2017（4）：20-26.

[195] 史云峰. 西藏新型城镇化：现状、特征与路径[J]. 西藏民族大学学报（哲学社会科学版），2016（4）：51-56，154.

[196] 宋建华. 用五个"中心"打造乌鲁木齐"核心"地位[EB/OL].（2016-01-13）. http://www.

xinjiangnet. com. cn/xj/corps/201501/t20150112_4173120. shtml.

[197] 申亮，王玉燕. 节能减排、经济增长与地方政府行为选择[J]. 经济与管理评论，2014，30（1）：56-63.

[198] 孙建飞，袁奕. 财政分权、土地融资与中国的城市扩张——基于联立方程组计量模型的实证分析[J]. 上海经济研究，2014（12）：50-59，89.

[199] 孙伟增，张晓楠，郑思齐. 空气污染与劳动力的空间流动——基于流动人口就业选址行为的研究[J]. 经济研究，2019，54（11）：102-117.

[200] 孙晓伟. 财政分权、地方政府行为与环境规制失灵[J]. 广西社会科学，2012（8）：122-126.

[201] 谭荣. 征收和出让土地中政府干预对土地配置效率影响的定量研究[J]. 中国土地科学，2010，24（8）：21-26.

[202] 谭荣. 中国土地要素市场化的治理机制[EB/OL].（2020-07-30）https：//mp.weixin.qq. com/s/I- LqXFBsY dKKNm1WDGwAeg.

[203] 谭荣，曲福田. 市场与政府的边界：土地非农化治理结构的选择[J]. 管理世界，2009（12）：39-47，187.

[204] 谭荣，曲福田. 土地非农化的治理效率[M]. 北京：科学出版社，2014.

[205] 唐洪潜，郭晓鸣，沈茂英. 当前农用土地非农化问题的调查与分析[J]. 农业经济问题，1993（3）：45-50.

[206] 唐鹏. 土地财政收入形成及与地方财政支出偏好的关系研究[D]. 南京：南京农业大学，2014.

[207] 陶然，袁飞，曹广忠. 区域竞争、土地出让与地方财政效应：基于1999—2003年中国地级城市面板数据的分析[J]. 世界经济，2007（10）：15-27.

[208] 陶然. 土地融资模式的现状与风险[J]. 国土资源导刊，2013（8）：26-30.

[209] 屠帆. 政府行为和城市土地资源配置研究[M]. 北京：经济科学出版社，2013.

[210] 王德旺. 天山北坡草地生态系统固碳现状空间分布特征及其影响因素分析[D]. 乌鲁木齐：新疆农业大学，2013.

[211] 王焕雷. 生态环境保护战略同国土空间规划的协调性分析[J]. 环境与发展，2020，32（4）：9，11.

[212] 王贵东. 低碳经济的激励机制研究——基于委托代理拓展模型[J]. 中国地质大学学报（社会科学版），2012，12（4）：19-25.

[213] 王桂新，武俊奎. 城市规模与空间结构对碳排放的影响[J]. 城市发展研究，2012，19（3）：

89-95，112.

[214] 王佳丽，黄贤金，郑泽庆. 区域规划土地利用结构的相对碳效率评价[J]. 农业工程学报，2010，32（7）：302-306.

[215] 王建秀，吴远斌，于海鹏. 二氧化碳封存技术研究进展[J]. 地下空间与工程学报，2013，9（1）：81-90.

[216] 王娟，张克中. 财政分权、地方官员与碳排放——来自中国省长、省委书记的证据[J]. 现代财经（天津财经大学学报），2014（9）：3-14.

[217] 王军征. 创建低碳型社会，实现可持续发展：论如何通过土地利用和管理推进低碳经济发展[EB/OL]．（2010-09-25）. http://www. gxdlr. gov. cn/Newscentre/News Show. aspx？ NewsId=12452.

[218] 王梅婷，张清勇. 财政分权、晋升激励与差异化土地出让——基于地级市面板数据的实证研究[J]. 中央财经大学学报，2017（1）：70-80.

[219] 王少剑，黄永源. 中国城市碳排放强度的空间溢出效应及驱动因素[J]. 地理学报，2019，74（6）：1131-1148.

[220] 王美艳，蔡昉. 户籍制度改革的历程与展望[J]. 广东社会科学，2008（6）：19-26.

[221] 王珊珊，艾里西尔·库尔班，郭宇宏，等. 乌鲁木齐地区气温变化和城市热岛效应分析[J]. 干旱区研究，2009，26（3）：433-440.

[222] 王绍强，周成虎，罗承文. 中国陆地自然植被碳量空间分布特征探讨[J]. 地理科学进展，1999，18（3）：238-244.

[223] 王文剑，仉建涛，覃成林. 财政分权、地方政府竞争与 FDI 的增长效应[J]. 管理世界，2007（3）：13-22，171.

[224] 王效科，刘魏魏，逮非，等. 陆地生态系统固碳 166 问[M]. 北京：科学出版社，2015.

[225] 王学文，赵卫忠. 运用经济法律手段推行农用土地非农化的有偿使用制[J]. 法治论丛，1989（4）：22-27.

[226] 王子敏，潘丹丹. 城市化路径、速度偏差与能耗效应——土地城市化与人口城市化视角[J]. 北京理工大学学报（社会科学版），2016，18（5）：24-32.

[227] 吴一凡，刘彦随，李裕瑞. 中国人口与土地城镇化时空耦合特征及驱动机制[J]. 地理学报，2018，73（10）：1865-1879.

[228] 魏琼. 简政放权背景下的行政审批改革[J]. 政治与法律，2013（9）：58-65.

[229] 魏一鸣，刘兰翠，廖华. 中国碳排放与低碳发展[M]. 北京：科学出版社，2017.3.

[230] 吴群，曹春艳. 分税制下地方政府增值税偏好对工业用地供给的影响——基于全国 35 个大城市的实证[J]. 求索，2015（11）：88-93.

[231] 吴群，李永乐. 财政分权、地方政府竞争与土地财政[J]. 财贸经济，2010（7）：51-59.

[232] 吴伟平，何乔. 平倒逼"抑或"倒退"？——环境规制减排效应的门槛特征与空间溢出[J]. 经济管理，2017（2）：20-34.

[233] 武俊奎. 城市规模、结构与碳排放[D]. 上海：复旦大学，2012.

[234] 肖容，李阳阳. 财政分权、财政支出与碳排放[J]. 软科学，2014，28（4）：21-24，37.

[235] 谢守红. 土地城市化的环境效应[J]. 湖南城建高等专科学校学报，1999（2）：42-44.

[236] 解宪丽. 基于 GIS 的国家尺度和区域尺度土壤有机碳库研究[D]. 南京：南京师范大学，2004.

[237] 席强敏，梅林. 工业用地价格、选择效应与工业效率[J]. 经济研究，2019，54（2）：102-118.

[238] 徐辉，杨烨. 财政分权对环境污染异质性影响的门槛效应研究[J]. 软科学，2017，31（11）：83-87.

[239] 许恒周，郭玉燕，陈宗祥. 土地市场发育、城市土地集约利用与碳排放的关系——基于中国省际面板数据的实证分析[J]. 中国土地科学，2013，27（9）：26-29.

[240] 许恒周，殷红春，郭玉燕. 我国农地非农化对碳排放的影响及区域差异——基于省际面板数据的实证分析[J]. 财经科学，2013（3）：75-82.

[241] 薛慧光，石晓平，唐鹏. 中国式分权与城市土地出让价格的偏离——以长三角地区城市为例[J]. 资源科学，2013，35（6）：1134-1142.

[242] 颜安. 新疆土壤有机碳/无机碳空间分布特征及储量估算[D]. 北京：中国农业大学，2015.

[243] 杨风. 常住人口城镇化与户籍人口城镇化探析[N]. 中国人口报，2015-10-26（3）.

[244] 杨光霞. "企业家政府"理论之分权政府理论对我国的借鉴意义[J]. 产业与科技论坛，2009（2）：255-256.

[245] 杨国良，彭鹏. 农业发展与土地非农化[J]. 自然资源，1996（1）：36-40.

[246] 杨梅，张广录，侯永平. 区域土地利用变化驱动力研究进展与展望[J]. 地理与地理信息科学，2011，27（1）：95-100.

[247] 杨其静，彭艳琼. 晋升竞争与工业用地出让——基于 2007—2011 年中国城市面板数据的分析[J]. 经济理论与经济管理，2015（9）：5-17.

[248] 杨其静，卓品，杨继东. 工业用地出让与引资质量底线竞争——基于 2007—2011 年中国地级市面板数据的经验研究[J]. 管理世界，2014（11）：24-34.

[249] 杨庆媛. 土地利用变化与碳循环[J]. 中国土地科学，2010，24（10）：7-12.

[250] 杨瑞红，董春，张玉. 地理国情普查数据支持下的人口空间化方法[J]. 测绘科学，2017（1）：1-8.

[251] 苑韶峰，唐奕钰. 低碳视角下长江经济带土地利用碳排放的空间分异[J]. 经济地理，2019，39（2）：190-198.

[252] 杨雪锋，史晋川. 地根经济视角下土地政策反周期调节的机理分析[J]. 经济理论与经济管理，2010（6）：5-11.

[253] 张涌. 工业用地招拍挂制度和地方政府土地财政政策[J]. 公共经济与政策研究，2018（2）：116-126.

[254] 杨永杰. 碳排放的理论和治理路径[J]. 甘肃联合大学学报（社会科学版），2013，29（1）：27-30.

[255] 叶丽芳，黄贤金，谢泽林，等. 城乡土地市场一体化下的农村工业用地现状及特征分析——以无锡市胡埭镇、钱桥镇、锡北镇为例[J]. 土地经济研究，2015（1）：37-58.

[256] 叶林，吴木銮，高颖玲. 土地财政与城市扩张：实证证据及对策研究[J]. 经济社会体制比较，2016（2）：39-47.

[257] 于东升，史学正，孙维侠，等. 基于 1∶100 万土壤数据库的中国土壤有机碳密度及储量研究[J]. 应用生态学报，2005，12：2279-2283.

[258] 于贵瑞. 全球变化与陆地生态系统碳循环和碳蓄积[M]. 北京：气象出版社，2003.

[259] 于胜民，马翠梅，王田，等. 对"降低中国化石燃料燃烧和水泥生产过程碳排放估算"一文主要结论的初步分析[J]. 中国能源，2015，37（9）：27-31.

[260] 余德贵. 基于碳排放约束的区域土地利用格局变化模拟与优化调控研究[D]. 南京：南京农业大学，2011.

[261] 袁超. 政府行为变化的财政逻辑——兼评《以利为利》与《当代中国的中央地方关系》[EB/OL].（2019-06-03）. https：//mp. weixin. qq. com/s/Mzqa3Eu3F9lK9mOqFq1AGg，2019-2-16.

[262] 张安录. 城乡生态经济交错区农地城市流转机制与制度创新[J]. 中国农村经济，1999（7）：43-49.

[263] 朱道林，徐思超. 基于城市人口变化的住房需求与土地及住宅供给关系研究[J]. 中国土地科学，2013，27（11）：45-51.

[264] 张宏斌. 土地非农化机制研究[D]. 杭州：浙江大学，2001.

[265] 张华，丰超，刘贯春. 中国式环境联邦主义：环境分权对碳排放的影响研究[J]. 财经研究，2017，43（9）：33-49.

[266] 张建松. 我国土地利用变化引起的碳排放量远低于外国学者估算[EB/OL]. （2009-05-11）. http://news. xinhuanet.com/newscenter/2009-05/10/content_11347503.htm.

[267] 张锦宗，梁进社，朱瑜馨. 新疆民族人口与区域经济分异研究[J]. 经济地理，2012（8）：20-24.

[268] 张军，高远，傅勇，等. 中国为什么拥有了良好的基础设施？[J]. 经济研究，2007（3）：4-19.

[269] 赵国. 我国土地行政审批制度改革：问题与建议[J]. 产权法治研究，2017，3（2）：245-253.

[270] 张克中，王娟，崔小勇. 财政分权与环境污染：碳排放的视角[J]. 中国工业经济，2011（10）：65-75.

[271] 张莉，高元骅，徐现祥. 政企合谋下的土地出让[J]. 管理世界，2013（12）：43-51，62.

[272] 张梅，赖力，黄贤金，等. 中国区域土地利用类型转变的碳排放强度研究[J]. 资源科学，2013（4）：792-799.

[273] 张楠，周艳，林富明，等. 国土空间规划视角下的生态保护红线划定底图编制研究[J]. 测绘与空间地理信息，2020，43（S1）：1-5，12.

[274] 张鸣. 工业用地出让、引资质量底线竞争与工业污染排放——基于城市面板数据的实证研究[J]. 中共浙江省委党校学报，2017（4）：107-114.

[275] 张平淡. 民族地区财政分权与环境污染的门槛效应检验——来自43个城市的经验证据[J]. 西南民族大学学报（人文社科版），2018，39（5）：108-115.

[276] 张姗姗，王群，贾春浩. 浅析低碳型土地利用规划[J]. 广东土地科学，2011，10（5）：22-26.

[277] 张为杰. 政府分权、增长与地方政府行为异化——以环境政策为例[J]. 山西财经大学学报，2012（7）：16-25.

[278] 张翼，曾炜. 财政分权、利益集团与我国二氧化碳排放——基于省级面板数据的经验分析[J]. 湖北社会科学，2014（12）：84-89.

[279] 张兆福. 城镇化进程中土地利用变化理论及实证研究[M]. 合肥：中国科学技术大学出版

社，2012.

[280] 赵军，杨东辉，潘竟虎. 基于空间化技术和土地利用的兰州市 GDP 空间格局研究[J]. 西北师范大学学报（自然科学版），2010，46（5）：92-96，102.

[281] 赵荣钦，陈志刚，黄贤金，等. 南京大学土地利用碳排放研究进展[J]. 地理科学，2012，32（12）：1473-1480.

[282] 赵荣钦，黄贤金，揣小伟. 中国土地利用碳排放的研究误区和未来趋向[J]. 中国土地科学，2016，30（12）：83-92.

[283] 赵荣钦，黄贤金，刘英，等. 区域系统碳循环的土地调控机理及政策框架研究[J]. 中国人口•资源与环境，2014，24（5）：51-56.

[284] 赵荣钦，黄贤金，彭补拙. 南京城市系统碳循环与碳平衡分析[J]. 地理学报，2012，67（6）：758-770.

[285] 赵荣钦，黄贤金，徐慧，等. 城市系统碳循环与碳管理研究进展[J]. 自然资源学报，2009，10：1847-1859.

[286] 赵荣钦，黄贤金，钟太洋. 中国不同产业空间的碳排放强度与碳足迹分析[J]. 地理学报，2010，65（9）：1048-1057.

[287] 赵荣钦. 城市生态经济系统碳循环及其土地调控机制研究[D]. 南京：南京大学，2011.

[288] 赵荣钦. 城市系统碳循环及土地调控研究[M]. 南京：南京大学出版社，2012.

[289] 赵荣钦，刘英，郝仕龙，等. 低碳土地利用模式研究[J]. 水土保持研究，2010（10）：190-194.

[290] 赵文哲，杨继东. 地方政府财政缺口与土地出让方式——基于地方政府与国有企业互利行为的解释[J]. 管理世界，2015（4）：11-24.

[291] 郑万吉，叶阿忠. 空间视角下财政分权的碳排放效应研究——基于半参数空间面板滞后模型[J]. 软科学，2017，31（1）：72-75，94.

[292] 郑周胜. 中国式财政分权下环境污染问题研究[D]. 兰州：兰州大学，2012.

[293] 中国科学院植物研究所. 1∶1000000 中国植被图集[M]. 北京：科学出版社，2001.

[294] 中国统计局. 中国能源统计年鉴（2012）[M]. 北京：中国统计出版社，2012.

[295] 中华人民共和国，美利坚合众国. 中美气候变化联合声明[EB/OL]. （2014-11-15）. http://politics. people. com. cn/n/2014/1112/c70731-26010508. html.

[296] 周黎安. 转型中的地方政府——官员激励与治理[M]. 上海：格致出版社，2017.

[297] 周黎安. 中国地方官员的晋升锦标赛模式研究[J]. 经济研究，2007（7）：36-50.

[298] 周祺瑾. 国土部: 土地政策最终会退出宏观调控[EB/OL].（2011-01-11）. http://finance.sina. com.cn/roll/ 20110111/09163574873. shtml.

[299] 朱超, 赵淑清, 周德成. 1997—2006 年中国城市建成区有机碳储量的估算[J]. 应用生态学报, 2012, 23（5）: 1195-1202.

[300] 朱富强. 如何健全我国的财政分权体系——兼论土地财政的成因及其双刃效应[J]. 广东商学院学报, 2012（1）: 23-32.

[301] 朱丽娜, 石晓平. 中国土地出让制度改革对地方财政收入的影响分析[J]. 中国土地科学, 2010（7）: 23-29.

[302] 朱莉芬, 黄季焜. 城镇化对耕地影响的研究[J]. 经济研究, 2007（2）: 137-145.

[303] 朱林兴. 关于农村土地城市化的经济和规划问题[J]. 财经研究, 1996（3）: 47-51, 60.

[304] 朱松丽, 蔡博峰, 朱建华, 等. IPCC 国家温室气体清单指南精细化的主要内容和启示[J]. 气候变化研究进展, 2018, 14（1）: 86-94.

[305] 诸培新. 农地非农化配置: 公平、效率与公共福利[D]. 南京: 南京农业大学, 2005.

[306] 诸逸飞, 占小林, 唐云松. 低碳经济怎样影响土地管理[J]. 中国土地, 2010（6）: 43-44.

[307] 左翔, 殷醒民. 土地一级市场垄断与地方公共品供给[J]. 经济学（季刊）, 2013, 12（2）: 693-718.